AF194496

Los falsos mitos
de la alimentación

Miguel Herrero

 CSIC

CATARATA

CATÁLOGO DE PUBLICACIONES DE LA ADMINISTRACIÓN GENERAL DEL ESTADO:
HTTPS://CPAGE.MPR.GOB.ES

 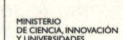 

Primera edición: junio de 2018
Segunda edición: junio de 2025

© Miguel Herrero, 2025
© CSIC, 2025
http://editorial.csic.es
editorialcsic@csic.es
© Los Libros de la Catarata, 2025
Fuencarral, 70
28004 Madrid
Tel. 91 532 20 77
www.catarata.org

ISBN (CSIC): 978-84-00-11422-0
ISBN ELECTRÓNICO (CSIC): 978-84-00-11423-7
ISBN CATARATA: 978-84-1067-364-9
ISBN ELECTRÓNICO (CATARATA): 978-84-1067-365-6
NIPO: 155-25-073-9
NIPO ELECTRÓNICO: 155-25-074-4
DEPÓSITO LEGAL: M-12683-2025
THEMA: PDZ/MBNH3

*A Martín y Emma,
recordad que lograr todo lo que uno desea siempre
requiere un gran, gran, esfuerzo. Pero, a veces,
la recompensa a ese esfuerzo es infinitamente mejor
de lo que jamás pudieras haber imaginado,
como lo sois vosotros.*

Índice

Presentación

Uno de los avances más significativos de nuestra sociedad es con toda seguridad el hecho de que el riesgo de malnutrición en España sea muy reducido o prácticamente nulo. Atrás quedaron épocas de falta de alimentos, como la posguerra, en las que tanto niños como adultos sufrían problemas de salud relacionados con la falta de nutrientes. Hoy en día, la mayoría de personas en nuestro entorno no se tienen que preocupar por no tener qué comer, sino por no comer en exceso. Como consecuencia, surgen otra clase de inquietudes y la atención de los consumidores se centra en otros aspectos, tanto en los que podemos considerar puramente hedonísticos, es decir, que la comida esté rica, que produzca buenas sensaciones al comerla o incluso que marque un determinado estatus social, como en aquellos que se centran en llevar a cabo una dieta que sea lo más nutritiva y saludable posible, y que nos proteja frente a posibles enfermedades.

En este sentido, la ciencia está avanzando hacia una mayor comprensión de cómo los alimentos pueden influir en el organismo para conseguir un estado de salud óptimo o incluso que se pueda prevenir la aparición de ciertas enfermedades. Paralelamente, el aumento en el conocimiento científico ha provocado que se incremente la información disponible acerca de qué alimentos o componentes de los mismos pueden ser más perjudiciales para la salud. Sin embargo, en el traslado de la información científica a su divulgación al público general se producen efectos curiosos, que vienen casi siempre caracterizados por ser totalmente desinformativos. En un mundo cada vez más cambiante, en el que los medios de comunicación y las redes sociales tienen tanta influencia y las informaciones llegan tan rápido, no es extraño que una persona pase de héroe a villano en cuestión de horas o días. Lo mismo ocurre con la alimentación; el ruido mediático que acompaña a estos temas tiene un gran efecto en el consumidor. Sin embargo, la perspectiva que normalmente se utiliza es la de exagerar los acontecimientos, para bien o para mal, y rara vez se transmite el resultado de un determinado estudio científico de manera sosegada y proporcionada a la realidad de sus conclusiones.

Todos estos condicionantes son los que provocan que surjan constantemente nuevos mitos relacionados con los alimentos: tal o cual alimento mata, pero este otro es capaz de curar. La parafernalia que los rodea es, a veces, increíblemente llamativa y falaz. Por una parte, la industria alimentaria, o una parte de ella, intenta defender sus intereses económicos —lícitos, dicho sea de paso— con investigaciones sesgadas o cuanto menos interesadas, cuyos resultados se hacen públicos a bombo y platillo con una ética dudosa. Baste por poner como ejemplo la cantidad de artículos periodísticos, si se pueden calificar así, que cuentan los múltiples beneficios que tiene el consumo de alcohol para un sinfín de enfermedades y condiciones fisiológicas, pasando por alto, eso sí, la naturaleza del alcohol etílico como neurotoxina. Por otra parte, se encuentran otros grupos más heterogéneos, incluyendo los ecologistas, así como grupos de seguidores más o menos convencidos de multitud de teorías conspirativas. Estos inundan internet con páginas en las que se ilustra con los efectos increíblemente dañinos de algunos alimentos e ingredientes, tras los cuales siempre suele haber una gran multinacional que nos esconde la realidad. Aquí también se hace un uso indebido de los estudios y datos científicos, sacando conclusiones erróneas y tergiversadas, con el fin de dar apariencia de hechos consumados a lo que no suele serlo.

Como resultado, parece que todo sea malo y tóxico, particularmente si tiene un origen *químico*, obviando que esa será la naturaleza de cualquier componente, sea natural o no. Sin embargo, la realidad nos muestra que la alimentación actual es más segura que antes. Actualmente, todos los procesos relacionados con la industria alimentaria, así como con la producción de alimentos, incluyendo la agricultura y la ganadería, están muy controlados, por lo que es muchísimo más difícil que se den malas prácticas que causen un peligro relacionado con la seguridad alimentaria. Por supuesto, estas se pueden dar, pero podemos convencernos de que los alimentos que consumimos son más seguros e inocuos que en el pasado, aunque solo sea por el hecho de que vienen avalados por años de investigación.

Aun así, el hecho de que algo sea seguro no implica que sea saludable. Estamos viviendo una época en la que existe una gran preocupación por la alimentación saludable que ha empujado a empresas y productores a mejorar sus productos en esta línea. Pero, por el camino, se está haciendo un uso abusivo de este término. No paran de aparecer *dietas milagro* y *superalimentos* que se apoyan en datos científicos sacados de contexto para promocionar ciertas prácticas teóricamente saludables. Y nada más lejos de la realidad: habrá alimentos saludables (deseables), perjudiciales para la salud (a evitar) y otros que, simplemente, serán neutros o cuyo efecto en uno u otro sentido será muy limitado. Por supuesto, su consideración tendrá mucho que ver con la cantidad en la que se consuman. Y es que el equilibrio, siempre tan difícil de conseguir, es la clave.

Aunque este libro no es de nutrición, en este ámbito sí que se puede recordar que cualquier dieta que excluya algún grupo de alimentos estará produciendo automáticamente un desequilibrio nutricional nada aconsejable. De igual forma, conviene desconfiar de todos los productos que se venden, etiquetan y anuncian como saludables porque, realmente, los más saludables no necesitan esta publicidad. En este sentido, también hacen mucho daño en la relevancia que adquieren estas falsas creencias las afirmaciones del tipo "a mi prima le funcionó". Todo el mundo conoce a alguien que le ha contado que a otro esto o aquello le funcionó, vive mejor, más sano y más delgado. La realidad es que rara vez esto es verdad, aunque el componente interpersonal es muy importante en alimentación. De hecho, la forma en que se asimilan los alimentos y se metabolizan sus componentes es muy variable entre personas, por lo que no a todo el mundo le funciona lo mismo.

Entonces ¿qué hacemos? Una forma de actuar prudente y acorde con los tiempos es ver y analizar críticamente qué dice la ciencia respecto a un tema determinado. Esto es lo que se pretende a lo largo de los capítulos de este libro, cada uno de ellos dedicado a un alimento o grupo de alimentos relacionados por ser parte de algunos mitos y falsas creencias.

Un problema muy frecuente para cualquier ciudadano es ver que esta información científica puede cambiar a lo largo del tiempo. Por ejemplo, el huevo era un gran alimento; más tarde se recomendó no consumir más de uno por semana, y ahora, como veremos, desaparece este consejo injustificado.

Aunque pueda parecer una contradicción, lo que hay que entender es que la ciencia no funciona de forma estática, de manera que una creencia se mantenga indefinidamente, sino que constantemente se amplía el conocimiento relativo a todos estos aspectos. Hay veces en que esta ampliación del conocimiento conduce a dar todavía más soporte a lo que ya se ha establecido y otras veces en las que se ve que las cosas no eran exactamente como se pensaba. Volviendo al caso del huevo, se vio que era un producto muy rico en colesterol que podría pasar a la sangre ejerciendo efectos perjudiciales para la salud. Pero más tarde se ha podido comprobar que este efecto puede no ser tan fuerte como se pensaba. ¿Estaba mal, por lo tanto, recomendar no consumir mucho huevo? Realmente, no. Es lo que había que hacer de acuerdo con el conocimiento disponible en aquel momento. Por tanto, no hay que tener miedo de que nuevas investigaciones cambien la perspectiva de algunos temas en el futuro, también de los tratados en el libro.

Para ver cómo la alimentación influye en la salud hacen falta muchos años de estudio e involucrar a un gran número de personas para que los resultados obtenidos sean aceptables estadísticamente. Para acortar los plazos, una herramienta fundamental es llevar a cabo estudios poblacionales en los que se analice la alimentación de una cohorte (grupo amplio de personas) a lo largo de muchos años y se relacione con la evolución de la salud de esas personas que, mal interpretados, pueden dar lugar a contradicciones.

Un ejemplo de estudio, totalmente inventado, podría ser observar a una población determinada y ver quiénes consumen galletas y cuántas al día y, posteriormente, analizar de qué enferman o no esas personas en comparación con los no consumidores de dichas galletas. De esta forma es posible extraer conclusiones que nos digan, por ejemplo, que las personas que comen 3 galletas diariamente tienen menos probabilidades de padecer hipertensión que las que no comen o comen menos de 3, porque en el primer grupo la incidencia de hipertensión sea estadísticamente menor que en los otros. Aunque es una buena aproximación, el problema de estos estudios es que son capaces de señalar relaciones, pero no de demostrar que haya una relación causa-efecto, que es lo que hace falta para que algo quede demostrado con evidencia científica suficiente. Es decir, los no consumidores de galletas podrían ser más hipertensos porque tuvieran también otros factores que lo provocaran y que no se hubieran considerado en el estudio.

Por ello, hay que tomar este tipo de estudios con precaución y no dejarse llevar por la tendencia a dar por sentado que siempre existe causalidad. Pero lo que complica aún más la situación es que si tomamos otras poblaciones diferentes, por ejemplo, de otros países, puede que encontremos relaciones diferentes también, dado que la genética, la edad y los hábitos de vida sociales son muy importantes en lo relacionado con la alimentación. Entre los estudios seleccionados que se verán en los capítulos posteriores se ilustrarán algunos ejemplos de ello. Así, una buena recomendación es dejar que la prudencia y el sentido común guíen nuestras decisiones y opiniones en lo que tiene que ver con la alimentación y huir de las alertas sorpresivas y de las soluciones milagrosas.

En resumen, la intención con la que nace este libro es proporcionar al lector información de interés sobre diferentes aspectos relacionados con la alimentación, de una forma sencilla, divulgativa y con rigor científico, no con la intención de aleccionar ni convencer, sino con la de dar a conocer datos relevantes con los que cada uno pueda obtener una perspectiva científica clara de los temas tratados, con el propósito de que sea útil para forjarse una opinión propia.

CAPÍTULO 1

Mi problema es el dulce

Hace un tiempo la grasa era la fuente principal de todos los problemas de salud relacionados con la dieta, pero, de un tiempo a esta parte, la atención nutricional, médica y mediática ha virado hacia el azúcar y su consumo.

Los azúcares se encuentran incluidos dentro del grupo de los hidratos de carbono (o carbohidratos). Este grupo es muy amplio e incluye sustancias de una naturaleza química similar, aunque no idéntica, pero que pueden diferir mucho en cuanto a su utilización por parte del organismo. Estos compuestos son cadenas más o menos largas, formadas por unidades de monosacáridos. Por ejemplo, dentro de los hidratos de carbono encontramos la fibra, que contiene muchísimas unidades de monosacáridos y a la que se asocian diferentes beneficios para la salud. También podemos encontrar otros hidratos de carbono de cadena larga como el almidón, que se encuentra en gran cantidad en alimentos como cereales o patatas. Por último, dentro de esta división general nos encontraríamos los azúcares simples, es decir, aquellos que están formados por una o dos unidades: monosacáridos (una unidad) como la glucosa y la fructosa, o disacáridos (dos unidades) como la sacarosa o la lactosa, entre muchos otros. Los azúcares simples, a diferencia de los otros grandes y complejos hidratos de carbono, los utiliza el cuerpo como fuente de energía de manera muy rápida.

El azúcar ubicuo

El compuesto principal involucrado dentro de toda esta importante función biológica es la glucosa. Esta es un compuesto esencial para el buen funcionamiento del organismo y el cuerpo la puede obtener de multitud de alimentos, ya sea directamente o tras la digestión de hidratos de carbono complejos. Sin embargo, un exceso de azúcar en el organismo puede ser también muy perjudicial, aumentando el índice glucémico (la glucosa en sangre) y generando enfermedades como la diabetes y la obesidad, que a su vez se relacionan con múltiples complicaciones, e incluso caries. Además de su importantísima función biológica, los azúcares se caracterizan por dar un sabor especial a los alimentos. De hecho, el sabor dulce es uno de los más valorados e, incluso, puede resultar adictivo. Por esta razón, además de los hidratos de carbono presentes en los alimentos, los productos procesados que nos encontramos en el supermercado pueden contener cantidades importantes de azúcares añadidos, que tienen la función principal de potenciar los sabores de esos productos y hacerlos más atractivos para los consumidores.

Actualmente es muy común consumir alimentos procesados, así como bebidas refrescantes y zumos, que pueden contener importantes cantidades de azúcares, por lo que el consumo de azúcar por persona en nuestro entorno se ha disparado en relación al consumo que se tenía hace algunos años. La principal característica visual de este hecho es la obesidad y el sobrepeso, mucho más frecuente incluso en niños. Esto se debe a que es muy fácil sobrepasar las calorías necesarias en la ingesta diaria a causa del aumento del consumo de azúcares.

Para diferenciar entre los hidratos de carbono más propensos a ocasionar problemas de salud —los azúcares simples— y los más saludables —los hidratos de carbono complejos— se ha introducido la denominación de "azúcares libres". Estos estarían formados por los azúcares simples (mono- y disacáridos) que se añaden a los alimentos y bebidas durante su fabricación, así como los azúcares simples que de por sí ya se encuentran en los alimentos de forma natural. La Organización Mundial de la Salud (OMS), tras llevar a cabo el análisis de numerosos documentos científicos, ha lanzado una recomendación dietética basada en que la cantidad diaria ingerida de azúcares libres no sobrepase el 10% de la ingesta calórica total necesaria, sugiriendo que una mayor reducción, por debajo del 5%, sería deseable (OMS, 2015). Si tenemos en cuenta una dieta estándar de un adulto tipo, que necesite 2000 kilocalorías diarias, los cálculos nos dicen que la cantidad de azúcares libres ingerida no debería sobrepasar los 50 gramos, lo equivalente a unas 10 cucharaditas. Lógicamente, esta cantidad se habría de adaptar en función de las necesidades calóricas individuales de cada persona y tan solo representa un término medio. En este sentido hay que recordar que no se trata solo de azúcar proveniente del azucarero, sino de todo el azúcar libre que podamos encontrar en los alimentos y bebidas que consumamos a lo largo del día, ya sea añadido o presente de manera natural.

Por ejemplo, las frutas pueden contener una cantidad muy alta de azúcares libres de forma natural, más aún los zumos. Entonces ¿qué es más saludable, una naranja, un zumo de naranja natural recién exprimido o un zumo de naranja concentrado? En principio, la naranja y el zumo que se puede obtener de ella contendrán la misma cantidad de azúcares libres. Sin embargo, mientras que la naranja tiene otra serie de sustancias que la convierten en un alimento muy recomendable y que forman parte del resto de la pulpa, en el zumo no se extraen todos esos componentes, por lo que el azúcar se concentra en él a igualdad de peso y se reducen globalmente sus efectos saludables. Además, rara vez una persona tomará tres naranjas seguidas; sin embargo, el zumo de esas tres naranjas es fácilmente ingerido, por lo que la cantidad total de azúcares que representa aumenta. La situación empeora si ingerimos un néctar comercial, dado que es frecuente que contenga, además de los azúcares propios de la fruta, otros azúcares libres añadidos para hacerlo más sabroso.

Otro tipo de productos ricos en azúcares libres son los refrescos. Estas bebidas se caracterizan por contener una alta proporción de estos azúcares que, además, se añaden durante el proceso de fabricación. Por ejemplo, una sola lata de refresco carbonatado de cola contiene unos 35 gramos de azúcar, es decir, 7 cucharaditas. En tres tragos ya se han ingerido 7 de las 10 cucharaditas diarias recomendadas. Eso contando el límite máximo, pues si consideramos la recomendación del 5% (5 cucharaditas), ya se estaría sobrepasando. Podemos añadir que una lata de tónica tiene unos 28 gramos, mientras que un refresco típico de naranja o limón puede alcanzar más de 40. Estos son los ejemplos quizás más claros, pero existen otros muy llamativos: un batido de chocolate para niños (200 ml) contiene unas 5 cucharaditas de azúcares libres entre los naturalmente presentes y los añadidos. Tengamos en cuenta en este caso que un niño tiene unos requisitos calóricos muy inferiores a un adulto, por lo que un solo batido supera más de lo recomendado. Los cereales de desayuno son otro de los ejemplos de alimentos procesados con muy alto contenido de azúcares libres; una vuelta por el supermercado leyendo etiquetas puede sorprendernos: kétchup, tomates fritos y otras salsas, mermeladas, helados, chocolates, frutas en conserva o galletas son algunos ejemplos de alimentos muy ricos en azúcares simples.

Estas cantidades dan idea del grave problema que subyace y por qué se recomienda reducir al máximo el consumo de estos alimentos y bebidas. ¿Alguien en su sano juicio se prepararía un vaso de agua con 7 cucharadas de azúcar? Por lo tanto, la primera conclusión que debemos sacar de toda esta información es que hay que limitar el consumo de azúcares libres en la dieta, no solo para no engordar, sino también para no aumentar el riesgo de padecer determinadas enfermedades metabólicas. Pero no basta con leer las etiquetas de los productos y desechar todos los que tengan un alto contenido en hidratos de carbono, sino que es necesario analizar los contenidos declarados de *azúcares*, puesto que se refiere a los azúcares libres, que son los que tenemos que tener bajo un control más férreo, principalmente, los añadidos.

Menos azúcar, más salud

Limitar el uso del azucarero en casa es un medio eficaz para reducir el consumo de azúcares libres. El problema es que nuestro organismo está muy bien diseñado para percibir el sabor dulce, que se asocia evolutivamente con energía fácilmente disponible, por lo que la lengua tiene más receptores para este sabor: hace miles de años esto podía suponer una ventaja, porque nuestro cuerpo nos estaría indicando qué frutas o qué alimentos tenían más azúcar y, por lo tanto, más energía. Sin embargo, hoy en día estamos sobradamente cubiertos de energía y el problema no es encontrarla, sino no consumirla en exceso. Este rasgo evolutivo se ha mantenido hasta nuestros días, por lo que las personas que toman grandes cantidades de azúcar se "acostumbran" a este sabor dulce y tienden a necesitar cada vez más para percibir idéntico nivel de dulzor. Así que, por difícil que parezca, deberíamos habituarnos a un nivel de dulzor más bajo, de forma que no nos hiciera falta añadir más.

Otra alternativa muy extendida es el uso de azúcar moreno en lugar del blanco más refinado, dado que existe la creencia de que el primero es más saludable. El azúcar de mesa, generalmente blanco, se obtiene de la caña de azúcar o de la remolacha. En cualquiera de los casos, estamos hablando del mismo producto: cristales de sacarosa purificada tras un proceso industrial denominado "refinado". Por tanto, 100 gramos de azúcar blanco son realmente 100 gramos de azúcares simples libres. Por otro lado, el azúcar moreno, siempre que sea integral, lleva otro procedimiento de purificación diferente, no tan exhaustivo, de forma que se cristaliza a partir de jugos de caña de azúcar, por lo que además de azúcares contiene otros componentes muy minoritarios. De ahí que se haya dado la idea de que es más sano, puesto que contiene algunos minerales e incluso vitaminas que el azúcar blanco no, pero estamos hablando de cantidades ínfimas. Sea moreno o integral, este tipo de azúcar contiene 95 gramos de azúcares libres simples por cada 100 gramos de producto o, lo que es lo mismo, prácticamente todo es azúcar. Además, en teoría, al tener ese 5% menos de azúcares, endulzará un 5% menos, por lo que algunos añadirán más cantidad, haciendo el problema incluso peor. Por tanto, esta comparativa deja claro que podemos preferir el azúcar moreno integral por su sabor ligeramente diferente o aroma, pero siendo plenamente conscientes de que estamos tomando un producto que es prácticamente igual al azúcar blanco en lo que a la salud se refiere.

Independientemente de nuestros gustos, es importante señalar la gran cantidad de bulos que circulan por la red: por ejemplo, que el azúcar refinado es cancerígeno o que baja nuestras defensas. Y es que, aunque es una corriente con la que no se puede luchar, los *conspiranoicos* que están seguros de que todos los organismos oficiales, estudios científicos e investigadores independientes están al servicio de las grandes multinacionales que tienen como objetivo envenenar a la humanidad están igualmente dispuestos a creer ciegamente cualquier razonamiento carente de sentido de internet o de alguna cadena de correos electrónicos. El problema es que estas teorías de la conspiración son muy atractivas, particularmente las relacionadas con la alimentación, y por muy disparatadas que parezcan, siempre tienen adeptos.

Volviendo al azúcar, otra posibilidad es echar mano de la miel para sustituirlo. ¡Este sí que es un producto natural de primera! Es un buen producto, pero para consumir con mucha moderación. Aunque la miel contiene una cierta proporción de minerales y vitaminas (alrededor del 1%) y alguna proteína (un 2% como máximo), en su mayor parte se trata de azúcares libres simples, como glucosa, sacarosa o maltosa, que pueden llegar a suponer más del 80% del producto. El resto es agua. Por tanto, a efectos de salud y del metabolismo de la glucosa, añadir miel equivale a añadir un 80% de azúcar y un 20% de agua, es decir, cinco cucharaditas de miel son equivalentes a cuatro de azúcar. Consecuentemente, también se reducirá el efecto endulzante.

Dulzor 'químico'

Una vez agotada la posibilidad de sustituir permanentemente azúcar blanco por azúcar moreno o miel, nos queda abierta la vía de utilizar edulcorantes para reducir la ingesta de azúcares libres. Sin embargo, el mundo de los edulcorantes no está libre de polémicas y controversias. Actualmente, los que pueden utilizarse en productos alimentarios dentro de la Unión Europea incluyen al sorbitol, xilitol, manitol, aspartamo, acesulfamo K o sacarina, entre otros menos conocidos[1]. De

---

1. Reglamento (UE) nº 1129/2011 de la Comisión, de 11 de noviembre de 2011, por el que se modifica el anexo II del Reglamento (CE) nº 1333/2008 del Parlamento Europeo y del Consejo para establecer una lista de aditivos alimentarios de la Unión.

todos ellos podemos diferenciar dos grupos: el primero está compuesto por los azúcares alcohol o polioles, incluyendo sorbitol, xilitol y manitol, que pueden emplearse en la cantidad que se estime conveniente en los alimentos, siempre y cuando se indique la posibilidad de que pueden producir efectos laxantes. Estos compuestos tienen una potencia edulcorante similar a la sacarosa (azúcar de mesa). Por otra parte, tenemos otras variantes sintéticas de edulcorantes muy potentes, como aspartamo, acesulfamo K o sacarina, que poseen una potencia edulcorante entre 200 y 500 veces superior a la del azúcar. Por lo tanto, para producir el mismo dulzor se han de utilizar en cantidades muy inferiores y, además, su valor energético es prácticamente nulo (casi no aportan calorías). A efectos prácticos, esto implica que, por ejemplo, para sustituir 40 gramos de azúcar en un refresco se habrían de utilizar menos de 200 mg de edulcorante, obteniendo idéntico sabor dulce.

Para estas sustancias, la Autoridad Europea de Seguridad Alimentaria (EFSA), el organismo en el que se apoya la Comisión Europea en materia de seguridad alimentaria para elaborar regulaciones y normativas, ha establecido una serie de valores límite para una ingesta diaria aceptable, por debajo de la cual se estima que no existe ningún riesgo para su consumo regular. De hecho, estos niveles se definen como las cantidades que una persona puede ingerir diariamente durante toda su vida sin que ello conlleve ningún riesgo apreciable para su salud. Estas cantidades oscilan entre los 5 mg por kg de peso corporal para la sacarina y los 40 mg por kg para el aspartamo. Estos límites son muy superiores a las cantidades que se pueden ingerir siguiendo un estilo de vida "normal", entendiendo por no normal consumir 50 latas de refresco *light* al día, caso en el cual podríamos estar alcanzando los límites máximos recomendados. De cualquier manera, y en contra de toda evidencia científica, los edulcorantes siempre se han visto inmersos en una duda constante acerca de su inocuidad, a la que no ha ayudado tampoco la diversidad de criterios en cuanto a su aprobación por las diferentes agencias reguladoras del planeta, muy probablemente sometidas a presiones comerciales. Otra de las razones es, por supuesto, su origen sintético. Actualmente, existe una tendencia hacia la llamada quimiofobia, rechazando todo aquello de origen sintético en oposición a lo que tenga origen natural. Evidentemente, este miedo irracional parece ignorar que absolutamente todas las sustancias, tanto sintéticas como naturales, son químicas. En cualquier caso, en relación a los edulcorantes sintéticos, no se ha demostrado que sean responsables de producir ningún efecto negativo sobre la salud, ni mucho menos cáncer, como a veces se piensa. Aun así, la valoración de su correcta seguridad alimentaria se revisa constantemente; de hecho, la EFSA revisó toda evidencia científica acerca de la inocuidad del aspartamo, que parecía estar puesto en entredicho. Los paneles de científicos que llevaron a cabo esta evaluación volvieron a concluir lo mismo: es seguro (EFSA, 2013). De paso, se puso muy en cuestión el diseño de un estudio que contribuyó notablemente a esta leyenda negra (Soffriti, 2010), indicando que el aspartamo podría producir cáncer en ciertos ratones, y que fue tildado de erróneo. Eso sí, cabe destacar que, en este caso en particular, el aspartamo está compuesto por dos aminoácidos (las sustancias de las que están hechas las proteínas): el ácido aspártico y la fenilalanina. Este último aminoácido no lo pueden digerir de manera correcta aquellas personas que padecen una enfermedad rara metabólica llamada fenilcetonuria (una de las enfermedades que se estudian en las pruebas del talón que se realizan a los recién nacidos) y por tanto deben evitar su consumo. Por ello, los productos que contienen aspartamo deben indicar en su etiquetado que son una fuente de fenilalanina.

Un alivio para los quimiófobos practicantes preocupados por su peso ha sido la aparición en el mercado de los glucósidos de esteviol, sustancias, ahora sí naturales, provenientes de la planta *Stevia rebaudiana*, que poseen un gran dulzor sin poseer contenido calórico y sin afectar el metabolismo de la glucosa. Estos compuestos no se comercializaban hasta hace unos años, precisamente porque la EFSA estaba evaluando su seguridad, hasta que en 2010 fueron finalmente autorizados dentro de la Unión Europea. El panel de expertos que evaluó todos los estudios científicos hasta la fecha pudo concluir que no eran tóxicos y que no producían cáncer. Se estableció además una ingesta diaria admisible de 4 mg por kg de peso corporal. Casualmente, y pese a ser sustancias naturales, este nivel es más bajo que el de los edulcorantes sintéticos más comunes. Otra razón más para creer en la "quimioconspiración". Eso sí, los consumidores de *Stevia* deberían leer con atención las etiquetas, puesto que muchos de estos productos comerciales no poseen solo el extracto de la planta, sino que contienen otras sustancias y edulcorantes, como, por ejemplo, el eritritol (otro azúcar alcohol). No es que ello suponga ningún problema de seguridad ni de salud, pero simplemente puede que el contenido real de extracto natural en el bote que consumen sea infinitamente menor al que se imaginaban. Eso por no comentar nada acerca del proceso de extracción, que puede involucrar el uso de productos químicos y disolventes que serían parte de las pesadillas recurrentes de cualquier quimiófobo.

Más allá de estudios toxicológicos que evalúan la seguridad de los edulcorantes, últimamente han tenido cierta repercusión mediática otros estudios científicos que han asociado un exceso de consumo de edulcorantes en la dieta con un efecto "rebote", de forma que se aumenta la posibilidad de padecer obesidad. La última evidencia científica disponible al respecto parece indicar que esto no es así; un estudio reciente en el que se analizaron a su vez numerosos estudios previos, tanto en animales como en humanos, concluyó que el uso de edulcorantes en sustitución de azúcar es efectivo para moderar la ingesta calórica media, así como para reducir el peso corporal (Rogers, 2016).

¿Qué sucede entonces con esos estudios que salen en las noticias centrados en los refrescos y que indican que el consumo de bebidas *light* también fomenta la obesidad? (Ruapeng, 2017). El problema en este caso es que esos estudios son observacionales, es decir, se hace un seguimiento de la dieta de un grupo amplio de personas, miles, y se obtienen conclusiones estadísticas centrándose en los refrescos edulcorados. De esta forma se están dejando de lado otros aspectos muy importantes; por ejemplo, el hecho de que personas con sobrepeso u obesidad elijan bebidas *light* con edulcorantes, pero las acompañen de un megamenú completo en una hamburguesería seis veces por semana, por lo que no estaríamos observando los efectos en exclusiva de las bebidas *light*, sino de hábitos de vida mucho más complejos.

Volviendo a los edulcorantes en general, lo que sí parece claro es que su consumo fomenta en las personas una dependencia hacia el sabor dulce, de manera que pueden sentirse atraídas por otros alimentos dulces, haciendo que indirectamente aumenten la ingesta de azúcar en términos globales.

Con todo, lo más recomendable es llevar una dieta equilibrada que evite el abuso de cualquier tipo de sustancia. Sería conveniente que, como consumidores, nos acostumbráramos a mirar las etiquetas de los productos, de forma que podamos localizar los alimentos que contienen azúcares libres añadidos y que consumimos sin que nos demos cuenta. En la lista de ingredientes encontraremos términos como azúcar, sacarosa, dextrosa, jarabes, melazas o caramelos. En resumen, aunque los edulcorantes no sean tóxicos, posiblemente lo más recomendable sería adaptarnos y acostumbrarnos a niveles de dulzor más bajos, así tomaremos menos azúcar y menos edulcorantes. Pero ¿a quién le amarga un dulce?

CAPÍTULO 2

Una dieta sin gluten para mejorar la salud ¿o no?

El gluten es el punto central de la enfermedad celiaca, un trastorno de la salud relacionado con la alimentación que sufren algunas personas y que ha provocado que se incorpore en el etiquetado de los alimentos la mención "sin gluten", para ayudarlas a encontrar más fácilmente alimentos apropiados para su intolerancia. Sin embargo, progresivamente, esto ha llevado a la creación de una de las últimas modas alimenticias: prescindir por completo del gluten en la dieta, incluso cuando no se padece esta enfermedad.

"Gluten" es el nombre con el que se conoce a un tipo de proteínas típicas de algunos cereales, entre los que se incluyen el trigo, la cebada, el centeno y la avena, así como especies híbridas de ellos, como triticale y espelta. Dentro del término "gluten" se incluyen proteínas de diferentes grupos denominadas gliadinas y gluteninas. La cantidad de estas proteínas en los cereales puede ser muy importante; por ejemplo, en el caso del trigo, las proteínas que forman el gluten pueden suponer hasta el 80% del total de proteínas.

En lo que respecta a la alimentación, estas proteínas son muy interesantes por sus propiedades tecnológicas, lo que significa que aportan ciertas características físicas en las harinas y masas en las que están presentes, como elasticidad y consistencia tras el horneado. Dado que el trigo es muy rico en dichas proteínas, las masas hechas con este cereal son las más utilizadas porque mejoran el sabor y la textura. Es la razón por la que la mayor parte de panes, pastas o masas de diferentes tipos están hechas con trigo. Pero aparte de para hacer pan, estas proteínas (o, lo que es lo mismo, las harinas que las contienen) se utilizan ampliamente en la industria alimentaria durante la elaboración de infinidad de productos, dado que aportan un buen potencial espesante. Sin embargo, desde el punto de vista nutricional, son proteínas muy normales. La cantidad de aminoácidos (los componentes de las proteínas) esenciales que poseen es muy reducida, a diferencia de lo que ocurre en alimentos de origen animal, como la carne, el pescado, el huevo o los productos lácteos, que son las fuentes principales de proteína dentro de la dieta.

Gluten y enfermedad

La enfermedad celiaca afecta aproximadamente al 1% de la población occidental, si bien posee ciertas características que hacen que su diagnóstico y seguimiento sean bastante complicados. De hecho, solo uno de cada cuatro afectados está diagnosticado como celiaco. En primer lugar, se ha de clarificar que la enfermedad no es una mera intolerancia al gluten y que tampoco se trata de una alergia. En realidad, esta es una enfermedad autoinmune que se da en personas con una susceptibilidad genética, lo que significa que, tras el consumo de gluten, el sistema inmune de la persona que lo ha ingerido actúa erróneamente, produciendo anticuerpos frente a estas proteínas que, a su vez, atacan prácticamente cualquier órgano o tejido, si bien el intestino delgado es posiblemente el primer afectado pues se desarrollan vellosidades intestinales que impiden la correcta absorción de nutrientes.

Como consecuencia, las personas que padecen esta enfermedad tienen a menudo molestias digestivas, aunque pueden no ser específicas o incluso ser intermitentes. Entre las más frecuentes se encuentran la diarrea, la apatía, el cansancio, la pérdida de peso o el colon irritable. Lo que complica aún más la situación a la hora de saber si una persona padece esta enfermedad o no es que pueden no manifestarse ninguno de estos síntomas; además, el momento de aparición de la enfermedad puede ser muy variable. Si a esto le unimos que una persona come gluten prácticamente desde su nacimiento, puede resultar difícil ajustar ciertos síntomas al consumo de estas proteínas y relacionarlos. También existe otra condición denominada "intolerancia no celiaca al gluten" que podría causar síntomas similares sin que lleve aparejados daños en el intestino y en el resto de tejidos.

No obstante, tras el diagnóstico de la enfermedad, el único tratamiento disponible es llevar una dieta sin gluten de por vida. De esta manera se logra revertir los daños intestinales y eliminar todos los síntomas asociados a la enfermedad. Pero ha de ser una dieta muy estricta, puesto que pequeñísimas cantidades de gluten pueden desencadenar la respuesta inmune no deseada y, por tanto, la aparición de síntomas en las personas afectadas.

En España, la Federación de Asociaciones de Celiacos (FACE) edita regularmente una lista de alimentos aptos para celiacos que ayuda a identificar, de manera más clara, qué productos disponibles en el supermercado están libres de gluten. Para confirmar la ausencia de gluten o bien su presencia por debajo de un determinado umbral se han de realizar análisis bioquímicos. De acuerdo con la legislación europea, la mención "sin gluten" en el etiquetado de los alimentos puede utilizarse en aquellos productos que presenten menos de 20 ppm[2]. FACE también otorga la posibilidad de introducir un sello de garantía en el etiquetado en

2. Reglamento de ejecución (UE) nº 828/2014 de la Comisión, de 30 de julio de 2014, relativo a los requisitos para la transmisión de información a los consumidores sobre la ausencia o la presencia reducida de gluten en los alimentos.

alimentos procedentes de fábricas certificadas para ello que contengan, en este caso, menos de 10 ppm de gluten. En estos casos es posible incluir un sello que ayude a identificar el producto como libre de gluten.

El problema de llevar una dieta estrictamente sin gluten es tan complejo que se ha de prestar atención incluso a las contaminaciones cruzadas, es decir, a la transferencia casual de gluten a un producto teóricamente libre de gluten. Esto puede ocurrir en casa, por ejemplo, almacenando productos con gluten (galletas) con otros productos sin gluten o, de forma incluso más sencilla, cortando pan encima de la misma superficie donde posteriormente se va a preparar la comida.

En las industrias alimentarias ocurre algo parecido, por lo que aquellas que quieren mantener un control sobre su producción para fabricar productos sin gluten tienen que prestar especial atención y tomar medidas para que no se produzcan estas contaminaciones cruzadas. Es decir, no basta solo con no añadir productos o aditivos con gluten en la formulación de los alimentos. Este hecho ha provocado indirectamente que se encuentren menciones en el etiquetado de productos naturalmente libres de gluten, advirtiendo de que puede contener trazas de gluten o de cereales. Sin embargo, también se detecta una presencia masiva de menciones "sin gluten" no oficiales en alimentos que naturalmente no lo poseen. En estos casos, estas menciones podrían contravenir la normativa de etiquetado, dado que son innecesarias y pueden llevar a pensar al consumidor que otros alimentos similares de otras marcas sí podrían contener gluten.

¿Me encuentro mejor si no consumo gluten?

Volvamos a la tendencia de dietas sin gluten. Desde el punto de vista científico, no existe ninguna razón para eliminar el gluten de la dieta si no existe enfermedad. Sin embargo, multitud de personas se dejan llevar por ese movimiento sin gluten e inician dietas que prescinden de todo tipo de cereales pensando que su salud y estado físico mejorarán instantáneamente o incluso que bajarán de peso. Es más, incluso se sienten más tonificadas, con la piel más tersa y otro tipo de efectos de muy dudosa comprobación que tienen más que ver con efectos del gluten a largo plazo en celiacos.

Lo cierto es que, en lo tocante a la alimentación, los consumidores tendemos a adquirir creencias injustificadas de forma muy rápida; de ahí la aparición de tantas dietas milagro que siempre se apoyan en datos anecdóticos, sacados de contexto, y evidencias circunstanciales tratadas de forma interesada y poco rigurosa. De igual manera, al resaltarse el término "sin gluten" en algunos alimentos, rápidamente hacemos la asociación de que el gluten es malo. Es cierto que una persona que lleva una dieta rica en alimentos procesados, que abusa de las galletas, los bollos, el pan, la pizza y otros productos que contienen cereales con gluten, y que de repente los sustituye por productos que de forma natural no contienen gluten, principalmente frutas y verduras, verá que mejora su salud, pero simplemente por el hecho de llevar una dieta más saludable y equilibrada. Por otra parte, si se sustituyen los alimentos con gluten por otros equivalentes sin gluten, igualmente procesados (galletas, pan, magdalenas, etc.), el posible efecto colateral beneficioso se eliminará por completo.

Un organismo sano tratará el gluten como cualquier otro tipo de proteína, digiriéndola y descomponiéndola en aminoácidos que serán absorbidos y procesados de forma correcta, por lo que la presencia del gluten no provocará ningún tipo de problema. Es más, ya hemos visto que pequeñísimas cantidades de gluten pueden provocar problemas a personas enfermas, incluso cantidades provenientes de contaminaciones cruzadas que pueden parecer ínfimas. Por tanto, es difícil imaginar a una persona sana tomando las mismas precauciones que un celiaco para evitar en absoluto el consumo de gluten, por lo que posiblemente muchísimas de las personas sanas que creen que han eliminado el gluten de su dieta no lo hayan hecho en absoluto.

Esta tendencia actual ha promovido el desarrollo de diferentes estudios científicos que se han adentrado en los posibles efectos que el gluten podría tener en personas sanas. En primer lugar, un nutricionista podría advertir, ya de entrada, sobre los riesgos de evitar innecesariamente el gluten en la dieta. Aunque el valor nutricional de las proteínas que integran el gluten no es muy elevado, como ya se ha mencionado anteriormente, y estas se pueden sustituir por otras de origen animal o vegetal, al evitar el consumo de cereales se dejan de consumir de forma paralela otras sustancias importantes, como vitaminas o minerales. Se debería poner mucha atención al resto de alimentos que se consumen para paliar estas deficiencias. Paradójicamente, muchas de las personas sanas que siguen una dieta libre de gluten lo hace porque piensan que los productos sin gluten son más sanos. En este sentido, un estudio llevado a cabo en Australia que comparaba multitud de productos similares disponibles en los supermercados con y sin gluten reveló que el perfil nutricional de los productos sin gluten era generalmente más pobre (Jason, 2015).

Una dieta libre de gluten puede estar asociada con un menor consumo de fibra alimentaria al reducirse como consecuencia el consumo de cereales integrales, lo que podría tener indirectamente efectos adversos sobre la salud. En esta línea, una investigación publicada recientemente demostraba, a través de un estudio de cohorte llevado a cabo durante 24 años con más de 100 000 personas, que la menor ingesta de gluten no se relacionaba con un incremento del riesgo a padecer enfermedades coronarias (Lebwohl, 2017). Sin embargo, sí que dejaba patente que una dieta reducida en gluten llevaba aparejado un consumo también reducido de cereales integrales que sí pueden tener un efecto protector frente al desarrollo de estas y otras enfermedades (Tang, 2015), por lo que los autores desaconsejaban que personas sanas siguieran dietas sin gluten.

Este efecto se relaciona con la cantidad de fibra que poseen los cereales integrales. La fibra alimentaria está compuesta de algunas sustancias (polisacáridos) no digeribles que son capaces de llegar al colon, donde algunos tipos de bacterias las utilizan. En concreto, aquellas que se relacionan con una buena salud y que evitan el crecimiento de otras especies bacterianas menos deseables. Al reducir el aporte de estos componentes en la dieta se estaría favoreciendo indirectamente el crecimiento de especies no beneficiosas e incluso de patógenos oportunistas que aprovechan el hueco que dejan las especies beneficiosas (Sanz, 2010).

Además, las dietas sin gluten pueden tener otro efecto nutricional negativo paralelo, pues muchos de los productos sin gluten, si se comparan con otros similares con gluten, pueden contener una mayor cantidad de azúcares y grasas para compensar los efectos de textura, apariencia o sabor que pueden surgir al eliminar el gluten de su formulación. Por ello, el simple hecho de eliminar el gluten sin necesidad puede llevarnos a consumir más azúcar, más grasas saturadas y más calorías. Por ejemplo, el pan de molde normal hecho a base de harina de trigo contiene unos 10 g de proteínas por cada 100 g de producto, mientras que el pan de molde sin gluten de la misma marca, elaborado con semillas de lino y almidón de maíz, contiene tan solo 1,7 g de proteínas, más del doble de grasas en total y casi cinco veces más grasas saturadas. Igualmente ocurre si comparamos fideos con y sin gluten de un mismo fabricante, estos últimos hechos a base de harina de arroz. Los fideos sin gluten poseen la mitad de proteínas, mientras que el contenido en grasas saturadas es casi el triple.

A pesar de todo, no deja de ser cierto que existen personas no celiacas que eliminan el gluten de su dieta y se encuentran mejor, intestinalmente hablando. Puede ser que tengan una cierta intolerancia no celiaca o que simplemente este cambio en su alimentación lleve aparejado el aumento en el consumo de alimentos más saludables, sobre todo frutas y verduras. También puede darse, por qué no, un efecto placebo. En cualquier caso, lo que la evidencia científica actual demuestra es que una persona no celiaca no va a obtener ningún beneficio para la salud por el hecho de llevar una dieta sin gluten. Tampoco va a adelgazar solo por el hecho de no consumir gluten. En caso contrario, si uno sospecha que puede tener la enfermedad celiaca o que el gluten es perjudicial para su salud, no es recomendable en absoluto someterse a una dieta sin gluten sin un diagnóstico médico (biopsia intestinal incluida), puesto que esto podría conducir a enmascarar en cierta medida los síntomas y a dificultar el diagnóstico que, ya de por sí, es complejo. Sobra decirlo, es un médico quien debe prescribir una dieta sin gluten y no el monitor del gimnasio.

Puede que podamos prescindir de los cereales con gluten y que, incluso, analizando muy bien lo que comemos, podamos paliar las carencias nutricionales que esa decisión nos puede acarrear. Pero ¿qué sentido tiene esto si no produce ningún beneficio *per se*? Tampoco hay necesidad de aumentar el consumo en gluten (y por tanto cereales) solo porque no produzca ningún efecto negativo para la salud de personas sanas. Pero podemos estar seguros de que el consumo de gluten en una dieta mediterránea equilibrada típica a través de pan, pasta y cereales en general, a poder ser integrales, no nos causará ningún perjuicio.

CAPÍTULO 3

La leche y la lactosa

La leche que consumimos procede mayoritariamente de vacas, aunque también es relativamente fácil poder comprar otras leches, como las de cabra u oveja. El Código Alimentario Español[3] define la leche natural como "el producto íntegro, no alterado ni adulterado y sin calostros, del ordeño higiénico, regular, completo e ininterrumpido de las hembras mamíferas domésticas sanas y bien alimentadas". Además, especifica que la denominación genérica de leche se puede utilizar exclusivamente para la de vaca, mientras que para el resto se ha de especificar el animal del que proviene.

Desde un punto de vista nutricional, la leche es un producto excelente, sobra decirlo. Basta con pensar que, con sutiles diferencias, es el único alimento que los seres humanos (entre otros mamíferos) tomamos durante los primeros meses de vida, esenciales en nuestro desarrollo físico y mental. La composición de la leche de consumo (leche de vaca entera) viene marcada por una alta presencia de agua, que supone en torno al 88% del total, mientras que contiene aproximadamente un 3% de proteínas, un 3,6% de grasas y cerca de un 5% de

---

3. Real Decreto 2484/1967, de 21 de septiembre, por el que se aprueba el texto del Código Alimentario Español.

hidratos de carbono, prácticamente en su totalidad lactosa. Además, es una buena fuente de calcio y de otros minerales y vitaminas. Aunque podría parecer que el consumo de este alimento debería estar fuera de toda duda, la realidad es mucho más compleja y, como vamos a ver en este capítulo, tiene a sus espaldas muchas leyendas urbanas y falsas creencias.

Cómo es la leche

Existen diferentes tipos de leche que se pueden diferenciar dependiendo de su estado físico, de su composición en grasa y del tratamiento térmico utilizado para su conservación. En primer lugar, podemos diferenciar entre leche líquida o natural —la que proviene directamente del animal—, leche evaporada, leche condensada y, por último, leche en polvo. La leche evaporada y la condensada son el resultado de la eliminación parcial del agua de la leche, si bien en la leche condensada la cantidad de azúcares presentes, añadidos, es mucho mayor, lo que aumenta su conservación, mientras que en la leche en polvo el agua se ha eliminado casi por completo, por lo que también se denomina leche deshidratada. Además, también podemos encontrar leches fermentadas, como el queso, el yogur o el kéfir, por lo que la gama de productos lácteos disponibles se amplía significativamente. En cuanto a la leche líquida consumida habitualmente, la de vaca, existen tres tipos que vienen definidos por la cantidad de grasa que posea el producto final. La leche entera debe contener no menos de un 3% de grasa, mientras que la leche semidesnatada posee entre el 1,5 y 1,8% de grasa. Por su parte, la leche desnatada debe contener menos del 0,5% en grasa.

La leche de vaca es un producto que, tras su obtención, no es totalmente inocuo. Inevitablemente, aun procediendo de un animal sano sin infecciones, la leche se contamina durante el proceso de ordeño con multitud de microorganismos presentes en la piel del animal y en el entorno, algunos de los cuales pueden ser patógenos y producir enfermedades graves. Por ello, la leche se enfría inmediatamente tras el ordeño y, además, siempre se ha de someter a algún tipo de tratamiento higienizante antes de su consumo.

Entre las leches comerciales podemos encontrar distintos tipos, que se diferencian dependiendo de la temperatura y duración del tratamiento térmico al que se han sometido con el objeto de eliminar dichos microorganismos y garantizar su seguridad durante un determinado periodo de tiempo: leche pasteurizada, que es la que menor tratamiento térmico tiene y en la que menos modificaciones nutricionales y sensoriales se producen; leche esterilizada, con un tratamiento de elevada temperatura y tiempo y que actualmente se emplea mucho menos dado que es muy agresivo y produce modificaciones apreciables tanto de sabor como nutricionales; y leche uperisada, que es aquella que ha sido sometida a un tratamiento UHT que consiste en aplicar muy altas temperaturas durante unos pocos segundos y que se encuentra en un término medio en cuanto a las modificaciones sensoriales que se pueden producir. Mientras que la leche pasteurizada tiene una vida útil de 7 a 10 días como mucho y ha de conservarse en refrigeración, es decir, lo que se vende en el supermercado como leche fresca, la leche UHT puede envasarse en cartones y durar varios meses a temperatura ambiente.

Ya tengo el culpable: la lactosa

Muchas de las (falsas) creencias relacionadas con la leche tienen como protagonista a la lactosa. Como ya se ha señalado, la lactosa es el principal hidrato de carbono que se encuentra en la leche. Químicamente es un disacárido (dos azúcares simples unidos) muy parecido al azúcar de mesa. El cuerpo humano viene de serie preparado para digerir este azúcar, aunque hay algunas personas que lo hacen peor que otras y que por lo tanto sufren intolerancia a la lactosa, que puede ser congénita, primaria y secundaria o adquirida. La primera es extremadamente rara y ocurre desde el mismo nacimiento, siendo su único tratamiento la utilización de fórmulas infantiles sin lactosa. En cuanto a la intolerancia primaria, esta se debe a causas genéticas, pero aparece progresiva y gradualmente durante la vida y una vez que llega, lo hace para quedarse. Por último, la intolerancia secundaria normalmente la provoca un daño intestinal temporal y puede revertirse.

Las personas que tienen intolerancia a la lactosa no la digieren en absoluto o lo hacen parcialmente, por lo que la lactosa llega al intestino grueso sin metabolizarse y allí las bacterias presentes la utilizan y fermentan, produciendo molestias intestinales típicas, como hinchazón, diarrea y malestar, entre media hora y dos horas después de consumirla, aunque es muy variable de persona a persona: cada uno tiene un umbral y tolera una determinada cantidad de leche y, además, la intensidad de los síntomas puede ser también muy diferente. Es muy importante subrayar que por intolerancia a la lactosa no entendemos alergia a la leche. Son dos procesos bien distintos: mientras que la intolerancia implica exclusivamente al aparato digestivo, una alergia involucra al sistema inmune. Resumiendo mucho y llevado al límite, una intolerancia tan solo produce malestar, mientras que una alergia puede llegar a provocar la muerte (por anafilaxis). La intolerancia a la lactosa es muy común y varía significativamente entre etnias. Por ejemplo, en Asia, casi el 100% de la población adquirirá intolerancia a la lactosa en algún momento, mientras que en el centro y el norte de Europa apenas hay personas afectadas. En España se calcula que aproximadamente un 30% de la población puede tener algún grado de intolerancia a la lactosa, aunque esto no quiere decir que todas estas personas no puedan tomar leche, ya que muchas toman una cantidad de leche diaria por debajo del límite que podría ocasionar problemas.

De esta forma, el desarrollo de la intolerancia primaria a la lactosa, que se desarrolla durante los primeros años de vida, es uno de los argumentos de más peso de los antileche para apoyar su teoría de que tomar leche una vez acabada la lactancia es una aberración. Además, afirman que es antinatural, puesto que el resto de animales mamíferos no continúan tomando leche tras la infancia. Por supuesto que no, pero tampoco hay ningún otro mamífero que tome las verduras cocidas, fría huevos y coma helados. No es muy factible que todas las personas que piensan así respecto a la leche sigan la dieta de cualquier otro mamífero omnívoro, como nosotros.

Puesto que el ser humano ha sido el único animal que ha conseguido desarrollar la ganadería, ha podido por tanto producir leche. Aunque a lo largo de la historia ha sido mucho mayor el tiempo que los seres humanos no han consumido leche que el tiempo que sí lo han hecho (otro argumento frecuente), evolutivamente se ha adquirido este rasgo de digestión de la lactosa en la edad adulta, lo que debería ser interpretado como una mejora, no como un problema. Además, muchas de las personas que rechazan tomar leche por esta razón continúan consumiendo otros productos lácteos que también contienen lactosa, como quesos frescos y poco curados, yogures, mantequillas y, por supuesto, helados, lo que es en sí mismo una gran contradicción.

Otros argumentos incluyen, por ejemplo, que la leche produce alergia. Es evidente que se puede tener alergia a la leche, pero no es menos cierto que también al huevo, al marisco, a los frutos secos o a la piel del melocotón. Además, se apunta a la leche como la causante de diferentes tipos de cáncer, contiene colesterol, grasas saturadas y, además, antibióticos. Estos argumentos, normalmente esgrimidos por asociaciones o individuos para nada imparciales, se basan en la desinformación científica, manipulando y sesgando datos y sacándolos de contexto. Una de las estrategias que se emplean es la búsqueda de relaciones, que no son ni mucho menos causales. Y es que, como ya se ha mencionado, correlación no implica causalidad. Por ejemplo, si alguien se diera un paseo por la calle y observara que hay más hombres calvos entre los que visten con zapatos que entre los que lo hacen con zapatillas de deporte, podría enunciar una relación novedosa entre el calzado que usamos y las probabilidades de padecer calvicie. Evidentemente, esta relación no es causal, sino que podría deberse al hecho que de las personas mayores (las que más padecen calvicie) tienden a no utilizar zapatillas de deporte.

Aunque parezca un ejemplo absurdo, esta misma lógica es la que se emplea para "demostrar" que la leche produce, por ejemplo, cáncer. En cuanto a que es rica en grasas saturadas, esta afirmación deriva del hecho de que, del total de ácidos grasos presentes en la grasa de la leche, aproximadamente el 65% de ellos son saturados (Fontecha, 2011). No obstante, debemos recordar que la leche entera posee un porcentaje de grasa del 3% aproximadamente, por lo que no es un alimento especialmente rico en grasa. Además, tiene un contenido bastante alto de ácido oleico (20% del total de ácidos grasos), el mayoritario en el aceite de oliva, que es ampliamente reconocido como positivo para la salud humana por sus efectos sobre el nivel de colesterol en sangre. Hablando de colesterol, la leche también posee un contenido apreciable de esta sustancia, si bien no está tan claro que su absorción durante la digestión sea eficiente, por lo que no incide gravemente sobre los niveles de colesterol en sangre (Fontecha, 2011). En cualquier caso, si bien se asocia un alto consumo de ácidos grasos saturados con un incremento de las posibilidades de padecer enfermedades cardiovasculares, los resultados científicos obtenidos hasta el momento parecen indicar que, en el caso de la leche y los productos lácteos, los efectos beneficiosos que acompañan a su consumo podrían estar contrarrestando los posibles efectos negativos del consumo de ácidos grasos saturados (Givens, 2017).

Con el aumento de estas creencias y la tendencia a asociar malestar intestinal con consumo de leche o derivados, muchos consumidores han decidido sustituir la leche en su dieta por alguna otra bebida mal llamada "leche vegetal". Estos productos se comercializan como sustituto de la leche; por un lado, como opción supuestamente más saludable y, por otro, para consumidores veganos. Por ello, los comerciales de las empresas productoras han intentado aprovechar el tirón denominándolas leche: leche de soja, de avena o de almendras, por ejemplo. Sin embargo, el parecido en cuanto a composición química entre estas bebidas vegetales y la leche es mínimo.

Siguiendo una sentencia de 2017 del Tribunal de Justicia de la Unión Europea, las denominaciones de productos lácteos, ya sean leche, queso o yogur, entre otras, no pueden ya utilizarse en productos vegetales dentro de la Unión, por lo que ya no se comercializan utilizando denominaciones como leche de arroz, queso vegetal o mantequilla de tofu, entre otras que anteriormente se podían encontrar. Aparte del origen de cada producto, razón más que de sobra para hacer esta diferenciación, se ha de considerar la diferencia en cuanto a la composición química. En la tabla 1 se resume la composición química de algunas de estas bebidas vegetales, tomada directamente de las etiquetas de los productos comerciales, así como su comparación con la leche de vaca. En todos estos ejemplos se observa que la composición química se centra en reducir el contenido en grasa respecto al que contiene la leche entera, pero la supuesta ventaja pierde todo el valor frente a la leche semidesnatada. No obstante, salvo en la bebida de soja, en el resto la cantidad de proteínas que se encuentran es mucho menor, lo que limita seriamente su valor nutricional.

Más allá de gustos y sabores, un vistazo a la etiqueta de estos productos nos da información sorprendente: la cantidad del vegetal del que se basa la bebida es tan baja (como del 2%) en el caso de la de almendras y en ningún caso superior al 14%. Otra característica de estos productos es que imitan a la leche porque tienen calcio y así atraen al consumidor, sin embargo, en todos los casos se trata de calcio añadido, no presente de manera natural. Este calcio es poco asimilable y no se absorbe correctamente comparado con el calcio de la leche, puesto que la vitamina D juega un papel fundamental a la hora de mejorar la absorción de este elemento durante la digestión. Si observamos la fila de los hidratos de carbono encontramos menos ventajas nutricionales: los azúcares añadidos pueden llegar a duplicar los existentes en la leche de forma natural.

TABLA 1

Composición química media de la leche y de otras bebidas vegetales utilizadas frecuentemente en su lugar.

	LECHE ENTERA	LECHE SEMIDESNATADA	BEBIDA DE AVENA	BEBIDA DE SOJA	BEBIDA DE ALMENDRAS	BEBIDA DE ARROZ
Cantidad del vegetal que le da nombre	-	-	14%	14%	2%	12%
Grasas	3,6 g	1,6 g	0,8 g	1,9 g	1,1 g	1,0 g
de las cuales saturadas	2,2 g	1,1 g	0,1 g	0,3 g	0,1 g	0,1 g
Proteínas	3,1 g	3,1g	1,2 g	3,2 g	0,5 g	0,5 g
Hidratos de carbono	4,6 g	4,6 g	6 g	4,4 g	3,0 g	9,7 g
Energía	65 kcal	46 kcal	46 kcal	48 kcal	24 kcal	49 kcal
Azúcar añadido	No	No	No	Sí	Sí	Sí
Calcio añadido	No	No	Sí	Sí	Sí	Sí

NOTA: CANTIDADES EN G POR CADA 100 ML.
FUENTE: ELABORACIÓN PROPIA.

Muchos de los que demonizan el consumo de leche son también, probablemente, partidarios de *lo natural* y, sin embargo, estos productos alternativos están plagados de aditivos como carbonato cálcico, goma garrofín, aromas, aceites, fosfatos e incluso sal, y pueden ser considerados alimentos ultraprocesados. Además, también se encuentran en estas listas vitaminas igualmente añadidas para intentar compensar la diferencia en el valor nutricional con respecto a la leche. Basta con hacer la prueba en un supermercado y leer la composición de cada bebida. En los cartones de leche tardaremos poco en leer los ingredientes: leche de vaca exclusivamente.

¿Puede esto ser peor?

Además de por su contenido en lactosa, la leche se ha visto en el centro de otras controversias, algunas más razonables que otras. Una de las más disparatadas es la idea, ampliamente difundida a través de cadenas de mensajes y redes sociales, de que la leche se recicla una vez caducada. No merece la pena ni siquiera entrar a cuestionar esta conspiración láctea, aunque sí que es reseñable que la demostración se basaba en los números que se encuentran en la base de los cartones, que no son más que un control de trazabilidad que lleva a cabo la empresa fabricante, y que supuestamente indicaban cuántas veces esa leche había sido sometida a un ciclo caducidad-uperisación. Otra idea muy extendida es que la leche no sabe a nada en comparación con la que se consumía hace cierto tiempo y la supuesta prueba es que, por ejemplo, no se forman grumos de grasa ni en el envase ni en la superficie tras dejar la leche en reposo durante algún tiempo. Esta idea tiene, sin embargo, un trasfondo de verdad. En primer lugar, hay que tener en cuenta que la composición de la leche, como la de cualquier producto natural, puede cambiar dentro de unos intervalos concretos. Hay muchos factores que influyen en ello, como, por ejemplo, lo que haya comido el animal o la raza a la que pertenezca (es decir, su genética). En este sentido, la leche de las vacas de la raza Jersey tiene un 2% más de grasa de media que las de la raza Holstein. Por lo tanto, cuando la leche llega a la planta procesadora no siempre tiene la misma composición. Si se envasara directamente, un consumidor fiel a una marca determinada podría comprobar la diferencia de sabor o apariencia de un envase a otro; es decir, le podría gustar solo a veces.

Por ello, durante el procesado de la leche se realiza una etapa de desnatado y homogenización en la que la grasa de la leche se separa de la fase acuosa con el fin de normalizar el contenido en grasa y que siempre tenga la misma proporción. Es decir, se separa la grasa y se vuelve a mezclar siempre en la misma proporción, dependiendo de si la leche es entera, semidesnatada o desnatada. Aprovechando este paso, se lleva a cabo la etapa de homogenización. La grasa de la leche no se encuentra disuelta completamente de forma natural, sino que se localiza en glóbulos grasos que forman una emulsión. De esta forma, al dejar en reposo la leche se puede producir una separación de fases como resultado de su pobre solubilidad, formándose grumos de nata cada vez mayores que se acumulan en la superficie. Durante la homogenización se disminuye el tamaño de dichos glóbulos, mejorando en gran medida su estabilidad y su solubilidad. Esta es la razón por la que no se forma dicha capa de nata o crema. Por cierto, esta nata no es la *nata* que se forma después de hervir la leche, puesto que esta última está formada por proteínas que cambian de forma y coagulan al hervir y, por tanto, aunque comúnmente se llama igual que la primera, no es de naturaleza grasa. Además, cuanto más se reduce el tamaño de los glóbulos de grasa, más blanca es la leche, un efecto que también se busca.

De esta manera, una de las razones por las que alguien puede haber notado una diferencia en el sabor de la leche actual es por su inferior contenido en grasa y porque está normalizada. Pero, además, el tratamiento térmico al que se la somete para asegurar su conservación (pasteurización, uperisación, esterilización) también influye. Este tratamiento térmico es ineludible para poder proporcionar una seguridad alimentaria mínima. Hace 30 años era común poder comprar leche cruda casi a diario, como quien compra pan, sobre todo en pueblos pequeños. Esa leche había que consumirla rápido puesto que los tratamientos térmicos no estaban asegurados, pero retenía todo el sabor de la leche recién ordeñada. No estaba normalizada, por lo que podía tener diferencias de sabor y de composición de una época del año a otra, incluso proviniendo del mismo animal. De igual manera, tendría una mayor cantidad de grasa que la leche actual, con glóbulos grasos de gran tamaño, lo que propiciaba la aparición de la nata.

Hoy en día, los productores tienen prohibido vender pequeñas cantidades de leche cruda al consumidor final, como se hacía entonces[4]. Por lo tanto, casi la única alternativa que queda es elegir entre las leches disponibles en el supermercado. Así, los consumidores exigentes pueden encontrar que la leche pasteurizada retiene mejor las características propias de la leche al ser un tratamiento, en principio, más suave, eso sí, con la desventaja de tener que ir a comprarla al supermercado con mayor frecuencia, dado que su periodo de conservación es muy reducido.

Por lo tanto, la falta de sabor que pueden notar algunos es el precio que hay que pagar por poder disponer de leche segura (sin microorganismos patógenos), estable, normalizada y de larga duración. De igual forma, la leche desnatada puede ser más suave en cuanto a sabor, precisamente por esa falta de grasa, pero nunca porque se le haya añadido agua, como también se afirma. La apariencia más acuosa de la leche desnatada se debe a la falta de grasa. Además, cabe recordar que la legislación solo permite el desnatado y normalización de la cantidad de grasa correspondiente, pero no permite añadir nada a la leche, ni siquiera agua.

---

4. Real Decreto 640/2006, de 26 de mayo, por el que se regulan determinadas condiciones de aplicación de las disposiciones comunitarias en materia de higiene, de la producción y comercialización de los productos alimenticios.

En definitiva, la leche es un gran alimento, rico en calcio y bueno para los huesos, pero aunque no es ni mucho menos imprescindible para ingerir la cantidad de calcio que necesitamos diariamente, sí que se encuentra en unas condiciones que favorecen su absorción, por lo que se aprovecha más que el presente en vegetales, por ejemplo. Aun así, no hay tampoco ninguna razón para recomendar un consumo de leche abusivo, puesto que también tiene una proporción de grasa que hay que tener en cuenta, pero si uno no es intolerante, la digiere bien y le gusta, ¿por qué dejar de tomarla?

CAPÍTULO 4

El aceite de palma y sus efectos sobre la salud

Desde hace un tiempo se ha hecho evidente una nueva alarma alimentaria, despertada por la presencia de aceite de palma en numerosos productos comerciales. Pero ¿qué es realmente y qué lo caracteriza? Se trata de una grasa vegetal que se utiliza en la industria alimentaria desde hace mucho tiempo para la elaboración de productos procesados. Sin embargo, no fue hasta que en 2014 entró en vigor el nuevo reglamento de la Unión Europea sobre etiquetado[5] cuando todas las alarmas se dispararon. Este reglamento obliga a especificar la variedad vegetal de la que procede cualquier grasa vegetal que se haya utilizado en un alimento y que tenga que declararse en su lista de ingredientes. Por ello, las etiquetas de la mitad de los productos del supermercado dejaron de mostrar la mención genérica "aceite vegetal" y se llenaron de "aceite de palma". Este aceite se obtiene a partir de los frutos de la planta *Elaeis guineensis*, llamada comúnmente palma africana o palma aceitera. Se cultiva mayoritariamente en países del sudeste asiático, como Indonesia y Malasia, los mayores productores a nivel mundial, y su uso está rodeado de fuertes controversias.

---

5. Reglamento (UE) 1169/2011 del Parlamento Europeo y del Consejo, de 25 de octubre de 2011, sobre la información alimentaria facilitada al consumidor.

Aceites y grasas en alimentación

Antes de entrar en detalle con toda la información que rodea el aceite de palma, es interesante obtener una perspectiva más amplia de por qué estos aceites se utilizan en alimentación. Para la fabricación de numerosos productos alimenticios es necesario añadir una grasa o un aceite. Estos términos son sinónimos desde el punto de vista químico; ambos son grasas, si bien se suele denominar "grasas" a las que derivan de animales y "aceites" a las grasas vegetales. Dependiendo de la aplicación concreta, se selecciona uno u otro tipo de grasa que, gracias a su particular composición química, proporcionará al producto unas características determinadas. Por ejemplo, hay productos que se pueden fabricar con diferentes tipos de grasas, pero solo algunas permitirán que permanezcan sólidos a temperatura ambiente y que se derritan en la boca. Que la grasa sea sólida o líquida viene determinado por su composición en ácidos grasos, que son los componentes mayoritarios de las grasas. De igual manera, como vamos a ver, que sean más o menos saludables también depende de esta composición en ácidos grasos. Estos se pueden dividir en dos grupos principales, saturados e insaturados, y dentro de estos últimos encontramos los monoinsaturados y los poliinsaturados. Por tanto, podemos describir la composición de una grasa determinada por la proporción que contenga en estos tres grupos de ácidos grasos. Más adelante veremos cómo se relaciona esta composición con la salud. En la figura 1 se muestra la composición de ácidos grasos de algunas grasas utilizadas frecuentemente en alimentación.

Tradicionalmente se empleaban grasas animales para la elaboración de alimentos, si bien estas fueron desplazadas por las grasas vegetales dado el contenido en colesterol y la alta proporción de ácidos grasos saturados de las primeras. Las vegetales permiten elaborar alimentos eminentemente grasos sin aportar colesterol, como ocurre por ejemplo con la margarina (hecha con grasa vegetal) y la mantequilla (elaborada con grasa animal procedente de la leche). Las grasas vegetales son generalmente más ricas en ácidos grasos insaturados (figura 1), pero tienen el inconveniente de ser menos resistentes al paso del tiempo. Por ello, los productos elaborados con estas grasas tienen una vida útil menor. Para solventar este problema se propuso emplear la hidrogenación, un proceso tecnológico que consiste básicamente en transformar las grasas insaturadas en saturadas. Sin embargo, por el camino se producen ácidos grasos trans, que tanta polémica desataron, justamente, por su potencial para dañar la salud (Ballesteros-Vásquez, 2012). De nuevo, esto obliga a buscar otras alternativas vegetales que naturalmente contengan menos ácidos grasos insaturados y que, por tanto, duren más. Y aquí es donde toman relevancia aceites como el de coco y, en particular, el de palma.

FIGURA 1

Composición de ácidos grasos de aceites y grasas alimentarias.

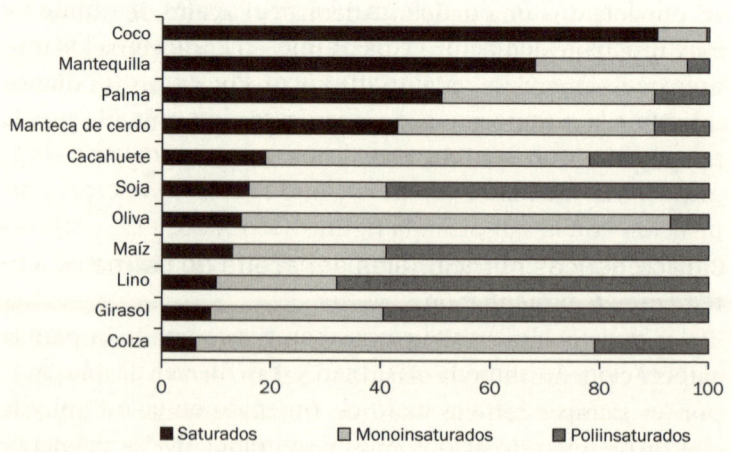

FUENTE: ELABORACIÓN PROPIA.

El uso de aceite de palma está muy extendido por las características químicas que posee y, por supuesto, por su precio. Su cultivo da mucho rendimiento: una hectárea de palmas produce mucha más cantidad de aceite que una hectárea de soja, colza o girasol, por nombrar los aceites con mayor producción mundial. Por tanto, es un aceite muy barato y fácilmente disponible.

Estas consideraciones económicas son, evidentemente, un importantísimo factor a la hora de seleccionar el aceite/grasa a utilizar. Pero es que, además, el aceite de palma posee características físicas que hacen que sea muy interesante para numerosos productos: por ejemplo, es una grasa sólida a temperatura ambiente, con una textura untuosa y sin olor. Este hecho, que puede no parecer importante, resulta determinante: al ser inodoro, puede incorporarse en alimentos sin modificar su olor y sabor, y al tener esa textura untuosa se puede incorporar en la elaboración de productos como chocolates, bollos, galletas, aperitivos, etc. Para nosotros sería más interesante utilizar aceite de oliva, ampliamente reconocido por sus efectos positivos para la salud, pero como es líquido no puede obtenerse una masa adecuada para hacer un chocolate o una galleta. Además, el aceite de palma es muy resistente a la fritura y tarda más en enranciarse, lo que hace que aumente la vida útil de los productos en los que se emplea. Estos factores, características físicas y precio explican su uso tan extendido.

Características nutricionales del aceite de palma

El aceite de palma en sí no es tóxico. Esta afirmación podría parecer evidente, pero la alarma social en torno a la alimentación es siempre tan elevada que frecuentemente se utilizan aleatoriamente términos como "poco saludable" y "tóxico". Pues bien, el aceite de palma no es tóxico, pero tampoco es saludable. En este sentido, los ácidos grasos saturados, como los del aceite de palma, son los menos recomendables para la salud, mientras que los insaturados son, comparativamente, mucho mejores. Entre los insaturados podemos encontrar ácidos grasos monoinsaturados, como el ácido oleico, el mayoritario en el aceite de oliva, y ácidos grasos poliinsaturados, entre los que se encuentran los famosos omega-3, entre otros. Por su parte, en el grupo de los saturados existe una variedad de ácidos grasos que químicamente se diferencian por su tamaño. En el aceite de palma, el ácido graso mayoritario es el palmítico y se ha relacionado con un aumento de las posibilidades de padecer enfermedades cardiovasculares, obesidad e incluso diabetes tipo 2 (Mancini, 2015). Se ha comprobado que un aumento en el consumo de grasas saturadas provoca un ascenso de los niveles de colesterol total, así como los de colesterol-LDL (ligado a lipoproteínas de baja densidad o *colesterol malo*) (Siri-Tarino, 2010). La sustitución de estas grasas saturadas por otras insaturadas es capaz de revertir estos efectos, aumentando la proporción de colesterol-HDL (ligado a lipoproteínas de alta densidad, el *bueno*), con el consiguiente efecto protector y beneficioso frente a enfermedades cardiovasculares. Además, por encontrarse en ciertos alimentos, el consumo excesivo de grasas saturadas se relaciona habitualmente con un alto aporte calórico y con una ingesta desmedida de azúcares, lo que causa, a su vez, un aumento en las probabilidades de padecer obesidad y diabetes tipo 2. Por cierto, la reducción de estas grasas saturadas en la dieta no debe implicar su sustitución por hidratos de carbono, ya que, en este caso, no se produce ningún efecto beneficioso; deben sustituirse por grasas insaturadas (Liu, 2017).

A pesar de lo expuesto, esto no implica que estos ácidos grasos saturados, con el palmítico a la cabeza, deban evitarse por completo, sino que su consumo debe moderarse. De hecho, el ácido palmítico es el que más se consume en la dieta y el mayoritario no solo en aceites de coco y palma, sino también en las carnes y en la leche, incluso en la leche materna. Aun así, han aparecido estudios que señalan que el ácido palmítico puede producir cáncer (Pascual, 2017), pero están realizados con modelos celulares *in vitro*, así como con animales de laboratorio a los que se les suministra cantidades muy por encima de las normales en nuestra dieta, por lo que no son directamente extrapolables.

¿Por qué se sigue utilizando?

Volviendo a su uso como ingrediente, si necesitamos grasas saturadas para elaborar ciertos tipos de alimentos, ¿qué solución podemos encontrar? Para este propósito existen otras plantas que pueden proporcionar aceites con un alto contenido en ácidos grasos saturados, como el de karité (planta tropical) o el de semillas de mango, pero estos aceites no pueden competir económicamente con el aceite de palma. Este último también se está sustituyendo en muchos productos por aceite de coco, que, sin embargo, tiene una proporción de ácidos grasos saturados incluso mayor (figura 1), por lo que sigue siendo poco saludable. Aunque nos puede parecer que una bolsa de magdalenas hechas con aceite de palma es poco saludable, nunca se nos ocurriría gastar 30 euros, por ejemplo, en una docena de magdalenas hechas con aceite de semillas de mango, por más que sean menos perjudiciales. Por lo tanto, la mejor alternativa que tenemos puede ser la de consumir lo menos posible aquellos productos que pueden contener aceite de palma, como, por ejemplo, galletas, magdalenas, cruasanes, palmeras —qué irónico—, berlinas y toda clase de bollería, patatas fritas y aperitivos fritos, margarinas, chocolates, bombones y dulces, incluyendo cremas de chocolate, helados y platos preparados. Estos productos, por su naturaleza, contienen en su composición una cantidad importante de grasas saturadas, independientemente de la grasa de origen, así como azúcares añadidos o sal, por lo que su consumo habitual no está recomendado en ningún caso.

Si llevamos una dieta equilibrada que no abuse de estos productos, estaremos automáticamente limitando el consumo de aceite de palma en nuestra dieta. De hecho, la OMS aconseja limitar por igual tanto el consumo de azúcar como el de grasas saturadas (OMS, 2003). En nuestro entorno, fuera de los productos procesados es prácticamente imposible encontrar aceite de palma; de hecho, se vende casi exclusivamente a la industria, nunca al consumidor final.

Otro problema reciente relacionado con el aceite de palma tiene que ver con la formación de compuestos de naturaleza tóxica durante el proceso de refinado si este no se realiza en condiciones apropiadas. En concreto, esta clase de compuestos tóxicos (derivados del glicidol y de compuestos clorados) puede generarse cuando se superan los 200 °C durante el refinado. La EFSA emitió un informe alertando del riesgo que puede suponer para la salud el consumo de estas sustancias, en particular para niños y niñas. En cualquier caso, es importante resaltar que la aparición de estos compuestos no es exclusiva del aceite de palma, sino que puede aparecer también durante un incorrecto refinado de otros aceites vegetales. Por tanto, aquí estaríamos hablando de un problema de seguridad alimentaria relacionado con un incorrecto procesamiento de la materia prima, el aceite de palma crudo, y no de que el aceite de palma contenga ningún compuesto tóxico de manera natural.

Otro tipo de problemas

Además de las características del aceite de palma como ingrediente alimentario y sus implicaciones en la salud, el uso de aceite de palma se ve envuelto en una polémica a nivel medioambiental por el modo en el que se produce. Por motivos puramente económicos se intenta ampliar la superficie de cultivo en los países productores, incluso a costa de diezmar bosques y selvas vírgenes. Se calcula que el 50% de las plantaciones de palma en Malasia y el 70% de las existentes en Indonesia se encuentran en zonas que habían sido bosques. Esto produce efectos colaterales en la fauna y el clima de dichas regiones, poniendo en serio riesgo la diversidad natural. Por lo tanto, aunque la palma y su aceite no son un problema en sí mismos para el medioambiente, sí lo es la forma en la que se produce.

Para intentar compensar esta problemática, en 2004 se fundó la Mesa Redonda para el Aceite de Palma Sostenible (RSPO, por sus siglas en inglés), con el objetivo de establecer unos requerimientos en su producción que contribuyeran a paliar los efectos medioambientales de este cultivo, así como a mejorar las condiciones laborales de los trabajadores, a cambio de la obtención de una certificación. Sin embargo, esta certificación resulta muy laxa, pues no controla directamente los procesos, sino que tan solo especifica que se han de cumplir las leyes aplicables a nivel local. Por ejemplo, no pone fin a la deforestación.

Además, hay que tener en cuenta que, aunque el uso del aceite de palma en la industria alimentaria es muy importante, no es el único uso que tiene, ya que también se emplea como materia prima para la fabricación de biocombustibles, así como en la industria cosmética, donde se añade a cremas y otros productos. En cualquier caso, dada la importancia del aceite de palma en la actualidad, el endurecimiento del proceso de certificación y la expansión de su uso pueden ser la única herramienta disponible para tratar de paliar los problemas que genera el cultivo de la palma aceitera.

CAPÍTULO 5

El colesterol y por qué los huevos no matan

El colesterol es uno de esos términos que todos manejamos a diario. La mayor parte de los lectores y lectoras de este libro sabrán, incluso, el nivel máximo de colesterol en sangre a partir del cual se considera hipercolesterolemia. Es un caso curioso, puesto que no hay probablemente ningún otro indicador que se incluya en una analítica de sangre común que sepamos tan de memoria. Probablemente todo se deba a que, durante años, se ha puesto el colesterol en el centro de la diana en lo que se refiere a las enfermedades cardiovasculares y ha sido objeto de diferentes recomendaciones dietéticas. Sin embargo, la situación ha ido cambiando progresivamente según han ido apareciendo nuevos datos.

Colesteroles, el bueno y el malo

El colesterol es una molécula esencial para el buen funcionamiento del organismo y se encuentra en todos los animales. En el cuerpo humano forma parte de las células y, además, tiene importantes funciones durante la síntesis de los ácidos biliares, algunas hormonas e, incluso, la vitamina D. Aun así, durante las últimas décadas del siglo XX se vio un considerable aumento de prevalencia de enfermedades cardiovasculares en países desarrollados y se descubrió el papel del colesterol en la formación de placas de ateroma, es decir, su potencial para obstruir arterias. Por ello, se comenzaron a considerar los niveles de colesterol alto como uno de los factores de riesgo a la hora de padecer enfermedades del corazón. A raíz de estos descubrimientos, se promovió una recomendación dietética basada en reducir la cantidad de colesterol que se ingería a través de la dieta, de forma que se redujera la cantidad de colesterol en sangre. Sin embargo, hoy la situación es diferente, puesto que se han descubierto nuevos datos científicos que han permitido matizar estas recomendaciones. Estos cambios en las recomendaciones pueden confundir a la sociedad y a la opinión pública, pero, sin embargo, son totalmente normales en el mundo científico.

El colesterol está presente en numerosos alimentos como carnes, pescados, leche, productos lácteos y huevos, por nombrar algunos. Entre las carnes, las vísceras son las que más colesterol contienen, mientras que entre los productos lácteos, los que tienen un mayor contenido en grasa, como la mantequilla o el queso curado, son los más ricos en esta sustancia. El colesterol que se ingiere con estos alimentos se absorbe y pasa a la sangre.

Hasta hace muy poco, las recomendaciones alimentarias estadounidenses incluían limitar la cantidad de colesterol ingerido diariamente a menos de 300 mg. Si tenemos en cuenta que un solo huevo puede tener, aproximadamente, entre 150 y 230 mg de colesterol, nos podemos hacer una idea de por qué los huevos estuvieron proscritos durante bastante tiempo. Sin embargo, el colesterol, dada su importancia para el buen funcionamiento del organismo, también se puede producir endógenamente; es decir, el cuerpo humano sintetizará el colesterol que le haga falta si es que le llega menos a través de la dieta. Por esta razón, todos conocemos a personas que llevan dietas bajas en colesterol y en alimentos grasos y que, aun así, tienen niveles de colesterol altos. Y es que los niveles de colesterol en sangre dependen de los niveles de absorción en el intestino, de la síntesis propia en el hígado, así como de la cantidad de colesterol que el cuerpo excrete en las sales biliares y del uso que hará el organismo del colesterol disponible.

Muchos factores dependerán de la genética de cada uno y, por tanto, los niveles de colesterol en sangre tendrán una importante influencia hereditaria. Por ejemplo, se sabe que los niveles de absorción de colesterol en el intestino son variables, de modo que si el cuerpo encuentra que hay poco colesterol (niveles bajos en la dieta, por ejemplo), aumenta la eficacia de la absorción, mientras que, si hay mucho, se absorbe mucho menos, en proporción. De igual forma, la síntesis de colesterol en el cuerpo, así como la cantidad que se utiliza, depende de múltiples factores.

Los niveles de colesterol y la dieta

Es evidente que, desde un punto de vista médico, los niveles de colesterol altos en sangre son un factor de riesgo para padecer enfermedades cardiovasculares, pero es importante también recalcar que deben ir acompañados de otros factores como hipertensión, obesidad, niveles altos de triglicéridos, diabetes o tabaquismo. Desde hace tiempo, además, se hace hincapié en las diferentes formas en las que el colesterol se encuentra en la sangre, ya que este compuesto no aparece en su forma libre. Por el contrario, se encuentra unido a unas proteínas que pueden tener diferentes características y que ha llevado a que se diferencie entre colesterol-LDL y colesterol-HDL, y que no se tenga en cuenta solo el colesterol total. LDL o HDL hacen referencia al tipo de proteína que está unida al colesterol y que determina el uso que el cuerpo le da al colesterol. Mientras que las proteínas LDL (de baja densidad) hacen que el colesterol se transporte hacia los tejidos, las HDL (de alta densidad) conducen el colesterol al hígado para su conversión en ácidos biliares. Además de su función, físicamente también son diferentes. Mientras que las partículas de LDL tienen una alta proporción de grasa y poca proteína, las de HDL contienen, en proporción, más proteína y menos grasa. Esto hace que las LDL sean más proclives a ir acumulándose en las arterias cuando ya existe una lesión en ellas. De ahí que se hayan popularizado los términos de colesterol bueno (colesterol-HDL) y colesterol malo (colesterol-LDL). Sin embargo, están apareciendo nuevos datos que pueden provocar que esta diferenciación cambie. Se ha visto que el tamaño de las partículas LDL tiene muchísima influencia en su capacidad para formar parte de los depósitos que obstruyen las arterias. De esta forma, las partículas más pequeñas y densas parecen ser mucho peores, ya que son más susceptibles a la oxidación que las hace aún más dañinas y son más capaces de quedar atrapadas en la pared de las arterias que las partículas LDL más grandes. Por esta razón, se está empezando a promover la idea de que se deben analizar los diferentes tamaños, ya que niveles relativamente normales de colesterol-LDL que impliquen partículas muy pequeñas podrían ser más dañinos que niveles más altos con partículas grandes.

En cuanto a la influencia del colesterol de la dieta en la aparición de enfermedades cardiovasculares, existe aún una fuerte controversia (Antoni, 2023). Los estudios que se han llevado a cabo no arrojan resultados concluyentes para poder descartar nada, incluso hay muchos que afirman que la ingesta de colesterol no guarda relación con el incremento del riesgo de enfermar (Fernández, 2012). Como ya hemos visto en otros capítulos, la principal razón de estas discrepancias recae en el hecho de que estos estudios se basan en asociaciones estadísticas tras el seguimiento de una población determinada, observando su alimentación y su salud a lo largo de un periodo de tiempo relativamente largo. Ocurre que, durante estas observaciones, pueden darse factores que no se consideran en el estudio (factores genéticos, hábitos de vida incluyendo la realización regular de ejercicio, consumo de otros alimentos, etc.) y que pueden, finalmente, cambiar los resultados. Por ejemplo, la ingesta elevada de colesterol en la dieta se asocia normalmente con un consumo elevado de grasas saturadas y, frecuentemente, con la consiguiente ingesta elevada de calorías. Pero esa falta de consenso sí que deja clara una cuestión: la cantidad de colesterol que se ingiere no es tan importante como se pensaba, sino que lo es el contexto general de la dieta.

Por esta razón, la Asociación Americana del Corazón (AHA, por sus siglas en inglés) retiró en su guía de recomendaciones de 2018 la cantidad máxima de consumo de colesterol limitada a 300 mg al día que mantuvo durante años, que no ha sido sustituida por ninguna otra cantidad concreta. En otros países occidentales, incluyendo la Unión Europea, estos límites recomendados ya habían desaparecido con anterioridad. Se sabe, por ejemplo, que para reducir los niveles de colesterol en sangre es más efectiva una dieta que contenga una buena cantidad de grasa saludable que una dieta baja en grasa por el efecto protector que tienen los ácidos grasos insaturados (aceite de oliva, omega-3) sobre los niveles de colesterol.

Hoy sabemos que no tiene sentido sustituir alimentos con colesterol por otros sin, pero con un perfil de grasas inadecuado. Un claro ejemplo es la sustitución de mantequilla por margarina. La margarina es un alimento parecido a la mantequilla, pero que, a diferencia de la primera, se elabora con aceites vegetales en lugar de con grasas provenientes de la leche. Como consecuencia, es un alimento libre de colesterol; sin embargo, frecuentemente su ingrediente principal es el aceite de palma. Como hemos visto en el capítulo 4, el perfil de ácidos grasos del aceite de palma se caracteriza por contener una alta proporción de grasas saturadas, consideradas poco saludables. Como consecuencia, a pesar de no tener colesterol, este alimento aporta una gran cantidad de grasas saturadas que, una vez digeridas, aumentan el colesterol en sangre. Por el contrario, otros alimentos que sí contienen colesterol, como algunos pescados o mariscos, aportan también una cantidad importante de ácidos grasos omega-3, por lo que, aun tomando colesterol, la presencia de omega-3 ayudará a equilibrar los niveles que quedan en sangre. Así pues, con la evidencia científica disponible a día de hoy, lo mejor que se puede hacer para mantener los niveles de colesterol bajos es llevar una dieta equilibrada, rica en productos vegetales y en grasas saludables.

¿Qué pasa con los huevos?

El huevo es un alimento con una elevada cantidad de proteína de alta calidad. Esto significa que la composición de sus proteínas es muy cercana a la que necesitamos los seres humanos, siendo mucho mejor que otras fuentes de proteína como, por ejemplo, las vegetales. También posee grasas en menor cantidad, siendo la mayor parte insaturadas y localizadas en la yema, que vienen acompañadas por una buena cantidad de colesterol, como anteriormente se ha mencionado. Además, tiene otra serie de componentes que lo hacen muy interesante, incluyendo la colina, una sustancia muy importante para el desarrollo cerebral y para el buen funcionamiento del hígado, vitaminas D, A, B12, B2, minerales (selenio, fósforo) y carotenoides (Dussaillant, 2017). Estos últimos son antioxidantes naturales que se asocian con un buen número de beneficios para la salud.

Se han llevado a cabo diferentes estudios valorando la ingesta de huevos respecto a los niveles de colesterol en sangre y al riesgo de padecer enfermedades cardiovasculares. Los resultados son parecidos a los anteriormente comentados para el colesterol en general: no hay consenso. En cualquier caso, parece claro que, de haber influencia, esta no sería muy elevada. La causa más probable de discrepancias podría venir de la variabilidad genética de las personas en todo lo relacionado con el metabolismo del colesterol más que con la cantidad de huevo ingerido en sí. Además, varios estudios han mostrado que el consumo de huevos favorece la aparición de partículas de colesterol-LDL de gran tamaño, es decir, las que menos impacto tienen en la salud (Blesso, 2013). Aun así, aunque parezca que no hay una relación aparente entre el consumo de huevos y el aumento del colesterol y la aparición de enfermedades cardiovasculares, no existe una evidencia científica lo suficientemente fuerte para afirmar que el consumo de huevo sin restricciones sea saludable. Pero dentro de una dieta variada, en una persona con hábitos de vida saludable, un huevo al día no supondría ningún problema, siempre que no padezca hipertensión, obesidad o incluso diabetes.

Si tengo colesterol alto, me lo bajo

Existen ciertos productos alimenticios que ofrecen la posibilidad de disminuir los niveles de colesterol en sangre en torno a un 10%. Se trata fundamentalmente de productos lácteos, parecidos a yogures líquidos, así como margarinas. Estos productos contienen unos compuestos parecidos al colesterol, pero de origen vegetal: los esteroles vegetales que, básicamente, son compuestos químicamente parecidos, pero que no tienen ninguna función en el organismo parecida a la del colesterol, ni tampoco sus potenciales efectos adversos. Sin embargo, durante la digestión, los esteroles vegetales interfieren con el colesterol, impidiendo su absorción. Por ello, si alguien aún se pregunta si estos productos funcionan, la respuesta es que sí. De hecho, esta acción está incluso aceptada por parte de la EFSA, que permite que en el envasado y en la publicidad de estos alimentos se pueda decir que ayudan a bajar los niveles de colesterol. Sin embargo, estos productos tienen un efecto paliativo, pues no atacan la raíz del problema. Los niveles de colesterol pueden bajar en torno al 10%, pero en cuanto se deje de tomar diariamente la cantidad recomendada de estos productos, los niveles volverán al nivel anterior.

Están en marcha otras investigaciones que persiguen el hallazgo de nuevos mecanismos por los cuales la alimentación pueda favorecer un descenso en los niveles de colesterol en sangre, por ejemplo, incidiendo en los niveles de ácidos biliares. Dado que estos compuestos utilizados durante la digestión y sintetizados por el cuerpo se producen a partir de colesterol, cualquier estrategia que permitiera aumentar su producción podría ayudar a disminuir indirectamente el colesterol libre disponible. De esta forma, existen microorganismos, bacterias en concreto, que son capaces de utilizar los ácidos biliares para su propio crecimiento, por lo que se están estudiando por su potencial para actuar como potenciadores inocuos de la síntesis de ácidos biliares. Otras bacterias se han visto como grandes asimiladoras de colesterol y también podrían ayudar a bajar el colesterol y con ello sus niveles en sangre (Kumar, 2012). No obstante, estas investigaciones aún no se han materializado en nuevos productos comerciales, que entrarían dentro del grupo de alimentos probióticos, como veremos más adelante.

CAPÍTULO 6

Esos tomates que no saben a nada

A principios del año 2017 apareció en la revista *Science* un artículo en el que participaban científicos españoles del CSIC junto con otros centros extranjeros, y que ponía de manifiesto, con fundamento científico, una idea ampliamente extendida en la sociedad: los tomates —o cualquier otro vegetal— ya no saben como los de antes (Tieman, 2017). En la investigación anterior se estudiaron casi 400 variedades de tomates, tanto modernas como antiguas, y se analizaron los compuestos del aroma de todas ellas. Además, se realizaron pruebas con paneles de cata que permitieron identificar, entre todos estos compuestos, los que eran responsables de que esos tomates tuvieran mayor o menor sabor. La conclusión fue muy clara: los tomates comerciales modernos tienen mucha menos cantidad de esos compuestos responsables del buen sabor, comparados con los antiguos, también denominados ancestrales.

Una evolución negativa

Lo que ha ocurrido, básicamente, es que los productores de tomates, tal y como lo hacen el resto de agricultores con otros cultivos, han ido seleccionando a lo largo del tiempo las mejores semillas y variedades para mejorar sus cosechas. De esta forma se van eligiendo algunas características de los tomates en detrimento de otras, lo que también produce una pérdida de variabilidad genética. Esta selección se ha hecho de la forma más sencilla posible, es decir, escogiendo los tomates más grandes, más rojos y con una piel más firme y, de paso, los más productivos. Pero el problema es que no por ello son necesariamente más sabrosos o están más ricos. Y eso es precisamente lo que ha sucedido. Si a estos métodos de selección se hubiera añadido un estudio sensorial con paneles de cata para determinar cuáles son los que proporcionan mejores sabores no se habría llegado a esto, pero en la sociedad actual se paga por kilos de producto, no por intensidad de sabor. También es cierto que determinar el sabor y el aroma de los productos *in situ* no es tan sencillo ni factible.

Existen diferentes posibilidades para volver a saborear productos más gustosos, por ejemplo utilizando semillas de variedades antiguas o ancestrales que aún preserven esas características, aunque seguramente no sea una opción económicamente viable puesto que existe mucha competencia y dichas variedades serán menos productivas y menos duraderas una vez cosechadas. Por esta razón, la segunda parte del estudio que mencionábamos al principio tiene gran relevancia: los investigadores, además, también realizaron completos estudios genéticos y pudieron identificar cuáles eran los genes con los que estaban relacionados los compuestos importantes para el aroma y sabor de los tomates. Esos genes se han suprimido en las variedades comerciales modernas.

Esta información puede ser de gran ayuda a la hora de mejorar la calidad de las futuras variedades, puesto que puede acelerar el proceso. De manera tradicional, un agricultor iría cruzando variedades comerciales más productivas con variedades ancestrales más ricas e iría seleccionando tomates conforme fueran creciendo y, con el paso de los años, cruce tras cruce, se podrían dar variedades más sabrosas. Sin embargo, con el conocimiento científico y las herramientas tecnológicas de las que disponemos en la actualidad este camino se puede acelerar. Sabiendo cuáles son los genes que tienen que estar presentes, es posible hacer el cruce de variedades y analizarlas para ver si, efectivamente, esos genes están presentes o no, sin tener que esperar necesariamente a que crezcan los tomates.

La alternativa tecnológica

La ciencia puede ofrecer alternativas mucho más rápidas para solucionar este y otros problemas, aunque dichas alternativas dependen de modificaciones genéticas. Mediante la llamada ingeniería genética es posible desarrollar variedades modificadas para que posean las características buscadas; el resultado sería un organismo modificado genéticamente (OMG). Aunque en agricultura se han utilizado estas técnicas para producir, entre otros, cultivos resistentes a plagas, es posible también utilizarlas para mejorar la calidad, tanto sensorial como nutritiva, de los alimentos. De esta forma, la generación de un OMG se basa en introducir en una especie un gen de otra especie que, generalmente, proporcionará una ventaja competitiva. Este es el caso de diferentes tipos de soja y maíz transgénicos que se cultivan en el mundo y que permiten que estos cultivos crezcan sin verse afectados por ciertas plagas. Como consecuencia de esta resistencia, puede ser incluso viable utilizar menos plaguicidas.

Lógicamente, la generación de estos organismos modificados ha despertado una gran preocupación en la sociedad, relacionada con sus potenciales problemas de seguridad alimentaria; no obstante, actualmente no existen evidencias que demuestren que los alimentos modificados genéticamente tengan alguna influencia negativa en la salud (The National Academy of Sciences, Engineering and Medicine, 2016; Panchin,

2017). Aun así, su utilización es muy discutida, sobre todo en Europa, donde existen leyes de etiquetado muy rigurosas. La opinión social y la alarma despertada han provocado, en la práctica, que no se comercialice ningún producto modificado genéticamente; por ello sería de esperar que los consumidores, en términos globales, no aceptaran un tomate modificado genéticamente por muy rico que estuviera (Boccia, 2015).

Ya ha existido un acercamiento al mundo de los tomates modificados genéticamente y comercializados: los tomates Flavr Savr. Se les introdujo una variación que hacía que no se arrugaran con el paso del tiempo. Se vendieron en Estados Unidos, donde la Administración de Alimentos y Medicamentos (por sus siglas en inglés, FDA) autorizó su consumo tras concluir que eran igual de saludables que las variedades convencionales. Sin embargo, estos tomates eran más blandos, lo que hizo que su éxito comercial fuera muy limitado, y finalmente se dejaron de cultivar. Multitud de estudios científicos han utilizado el tomate para tratar de mejorar genéticamente sus características, pero ninguno de ellos ha dado lugar a un producto comercial autorizado para su consumo. Por ejemplo, mediante la inserción de un solo gen procedente de un hongo comestible se pudo generar una variedad de tomate que ofrecía resistencia a infecciones por hongos y también a la sequía; además, contenía una mayor cantidad de ácidos grasos insaturados que la variedad convencional (Kamthan, 2012).

Estas investigaciones demuestran que, técnicamente, sería posible producir una variedad de tomate con mejor sabor, incluso aprovechando los genes de las variedades ancestrales. Sin embargo, a nivel administrativo la cosa parece más complicada. Por ejemplo, en la Unión Europea los alimentos modificados genéticamente deben pasar un exhaustivo control de su seguridad, demostrando que no producen ningún daño al consumidor. Y luego aparece la barrera del consumidor, más difícil incluso que la propia autorización. Este rechazo hacia los alimentos modificados genéticamente está muy extendido y multitud de organizaciones no gubernamentales pelean contra ellos alegando potenciales problemas de seguridad alimentaria, medioambientales y económicos. Los económicos están relacionados con el hecho de que las semillas las venden grandes multinacionales que imponen limitaciones a los agricultores para su utilización. Sin dejar de ser cierto, no es menos verdad que esas multinacionales son las mismas que venden semillas convencionales imponiendo igualmente sus limitaciones. Incluso hay determinadas variedades de cultivos en las que la empresa comercializadora, para poder venderlos con su nombre y marca registrada, impone no solo la forma de cultivo, sino la forma de venta, como es el caso de los tomates kumato, del trigo kamut o de las manzanas Pink Lady.

Los posibles riesgos medioambientales son que las plantas modificadas genéticamente, al tener una ventaja sobre las convencionales, las desplacen hasta extinguirlas. También es cierto que en la naturaleza este proceso ha sucedido siempre de manera natural. En cualquier caso, si pensamos en un cultivo con características sensoriales o nutricionales mejoradas, este no representaría ninguna ventaja adaptativa frente a los convencionales. Tal es la polémica que rodea a los transgénicos que, en 2016, más de un centenar de premios Nobel firmaron una carta pidiendo a Greenpeace que cesara en su oposición frente a este tipo de alimentos.

En definitiva, queda patente que la vía de utilizar cultivos transgénicos para obtener rápidamente tomates con más sabor es bastante más complicada. De cualquier manera, para que un alimento transgénico llegara algún día a tener éxito, este debería aunar los intereses de todos los involucrados, es decir, permitir a las multinacionales productoras de semillas, a los productores de fitosanitarios y a los agricultores obtener un beneficio económico, mientras que a los consumidores debería proporcionarles seguridad y un alto valor nutritivo manteniendo un precio asequible.

El camino intermedio

En los últimos años, la biotecnología se ha visto sorprendida por la aparición de una nueva técnica de modificación genética llamada "edición genética", que está muy relacionada con las secuencias CRISPR, que permiten hacer cambios dirigidos en un punto que se quiera de la secuencia de ADN de un organismo. Esta denominación proviene de uno de sus descubridores, el español Francis Mojica, quien describió una serie de secuencias de ADN repetidas en un microorganismo que crecía en las salinas de Santa Pola (Alicante).

Esta técnica permite corregir defectos en genes, razón por la cual se han creado tantas expectativas en lo que a su uso médico se refiere. Pero en alimentación también podría tener aplicaciones. De hecho, utilizando la técnica CRISPR se podría modificar la secuencia de ADN de los tomates de forma que los genes responsables de los compuestos del sabor identificados, que están suprimidos en las variedades comerciales modernas, pudieran reactivarse, dando lugar a nuevas variedades mejoradas al combinar lo mejor de las variedades modernas (productividad, tamaño, color) y lo mejor de las ancestrales (sabor). Con este método ya se ha conseguido aumentar en los tomates los niveles de ácido gamma-aminobutírico, un compuesto bien conocido por su actividad positiva sobre el sistema nervioso central (Sakthivel *et al.*, 2025). En teoría, aunque estaríamos hablando de un organismo al cual se le ha modificado su secuencia de ADN, esto no implicaría la introducción de ningún gen externo a la propia especie, ni siquiera de la misma especie, por lo que se podría considerar que esta clase de alimentos no serían transgénicos.

Hasta el momento, dentro de la Unión Europea, estos alimentos se consideran similares a los alimentos transgénicos y están sujetos a idéntica normativa. Sin embargo, se está reconsiderando esta posición, teniendo en cuenta que las nuevas herramientas de edición genética producen resultados totalmente diferentes y que tienen un gran potencial para la mejora de cultivos, incluso de cara a enfrentarse a los desafíos medioambientales que están por venir. De hecho, en 2024, la EFSA emitió un informe que confirma que todas las evidencias científicas hasta el momento indican que estas nuevas técnicas no conllevan más riesgos que los asociados a los sistemas convencionales de mejora de cultivos. Por lo tanto, es presumible que, en un futuro no muy lejano, se pueda finalmente autorizar el uso de estas técnicas para la producción de nuevos alimentos mejorados en Europa (EFSA, 2024b).

La genética perfecta para el sabor perfecto

Ya sabemos cuáles son los genes responsables del sabor en los tomates, pero aunque se puedan producir este tipo de tomates, eso no nos asegura que su sabor vaya a ser inmejorable. De hecho, las prácticas agrarias son tan importantes para el resultado final como la genética.

Se necesita gran cantidad de alimentos para cubrir las necesidades de la población y, además, tiene que estar en perfectas condiciones de maduración en el momento de su compra en el supermercado. Esto, unido al hecho de que los tomates son frutos que siguen madurando una vez cosechados de la planta (climatéricos), hace que se recojan cuando aún no ha llegado su grado máximo de maduración. De otra forma se estropearían entre su recolección y su venta. Esto implica que la maduración después de la cosecha, además de la refrigeración a la que son sometidos para alargar su vida útil, no producirá tomates con las mismas características sensoriales que la maduración en planta.

Esta es la razón por la que a cualquiera le puede parecer que un tomate recién cogido de la mata tiene mejor sabor que uno comprado en el supermercado. De igual forma, una plantación intensiva producirá mucha mayor cantidad, pero, seguramente, a costa de una menor intensidad de sabor. Por lo tanto, cuando probemos un tomate y pensemos que no sabe a nada, debemos recordar que es, básicamente, el resultado de nuestro estilo de vida actual, principalmente en ciudades alejadas del campo y con la necesidad de disponer a diario en la tienda de alimentos de buenísima apariencia listos para consumir y, además, asequibles.

CAPÍTULO 7

Alimentos ecológicos para mejorar la salud

El título de este capítulo refleja ya de entrada un término para nombrar algunos alimentos que no es ni mucho menos exclusivo. De hecho, se habla en nuestro entorno de alimentos ecológicos, biológicos u orgánicos indistintamente para referirse al mismo tipo de productos. En nuestro país, el término "ecológico" es el más extendido, aunque en el mundo anglosajón es "orgánico" el que suele prevalecer. No obstante, hace varios años una norma limitaba el uso de la palabra "bío" en alimentos, que se podía utilizar solo en aquellos a los que nos vamos a referir en este capítulo, los biológicos, aunque más adelante prevaleció la denominación de "ecológicos", y tuvo como consecuencia cambios en nombres comerciales de diferentes productos, como lácteos y zumos.

En cualquier caso, la producción ecológica, biológica u orgánica se refiere a un sistema de gestión y producción agroalimentaria que se basa en la utilización de prácticas agrarias y ganaderas en las que se haya reducido el impacto sobre el medioambiente. Esto se consigue, entre otros aspectos, minimizando y limitando al máximo el uso de sustancias químicas no naturales para la intensificación de cultivos y ganado. De esta manera, la característica más notable y más conocida de la producción ecológica es la prohibición expresa de utilizar tanto fertilizantes como plaguicidas y pesticidas sintéticos en lo que se refiere a la agricultura, y del uso de antibióticos en lo que tiene que ver con la ganadería. Además, para que la producción ganadera sea considerada ecológica debe cumplir con algunos requisitos adicionales relacionados con el bienestar animal.

Como se puede deducir, no se trata más que de aplicar las prácticas productivas que se utilizaban hace varios siglos. En general, se ha consensuado que las prácticas de producción ecológica son más respetuosas con el medioambiente que las convencionales, puesto que al evitar el uso de sustancias no naturales se tiende a mejorar el entorno y a reducir la posibilidad de contaminaciones de suelos y aguas, por ejemplo. Además, mediante la producción ecológica estricta ocurre una cierta desintensificación de la producción, lo que, a su vez, contribuye a respetar los ciclos naturales y a mejorar el medioambiente, aumentando teóricamente la biodiversidad. En cualquier caso, hablamos aquí de generalidades, puesto que el simple hecho de cumplir las normas establecidas para una producción ecológica en ningún caso garantiza un respeto hacia el medioambiente mayor que seguir unas prácticas convencionales, como veremos más adelante.

Una tendencia ecológica

En España están vigentes las normas establecidas por la Unión Europea respecto a las condiciones que las producciones ecológicas tienen que cumplir[6]. Entre ellas se encuentran

---

6. Reglamento (CE) nº 834/2007 del Consejo, de 28 de junio de 2007, sobre producción y etiquetado de los productos ecológicos y por el que se deroga el Reglamento (CEE) nº 2092/91; y Reglamento (CE) nº 889/2008 de la Comisión, de 5 de septiembre de 2008, por el que se establecen disposiciones de aplicación del Reglamento (CE) nº 834/2007 del Consejo sobre producción y etiquetado de

la prohibición expresa de utilizar organismos modificados genéticamente o productos derivados de ellos; utilizar una rotación plurianual de cultivos que ayude a mejorar la calidad del suelo; no utilizar fertilizantes minerales nitrogenados y reducir al máximo los productos fitosanitarios empleados; cumplir diferentes principios dirigidos hacia el bienestar animal (espacio, acceso a zonas al aire libre, restricción de aislamiento y atado, reducción de tiempo de transporte), o utilizar piensos ecológicos, entre otras.

Los consumidores de este tipo de productos no paran de crecer. En lo que respecta a España, es el país productor con una mayor superficie de cultivos ecológicos dentro de la Unión Europea, que en 2023 ascendía a casi 3 millones de hectáreas, según los datos del Ministerio de Agricultura, Pesca y Alimentación[7]. Como dato significativo, destaca el crecimiento experimentado de dicha superficie de cultivos, pues en el año 2000 era de 400 000 hectáreas. A nivel europeo, la superficie dedicada a cultivos ecológicos continúa creciendo año tras año. En cuanto a la producción ganadera ecológica, esta es mucho más modesta. En España, menos del 6% del ganado bovino y ovino total es de producción ecológica, mientras que, respecto al ganado porcino, el porcentaje es aún mucho menor. La producción de vacas lecheras es también insignificante.

Aparte de los cultivos y las carnes o productos directamente derivados de animales de producción ecológica, existen otro tipo de productos alimentarios que podrían merecer la mención de ecológicos: productos procesados a partir de ingredientes ecológicos. Asimismo, existe una lista de aditivos aprobados por la Comisión Europea que pueden añadirse a productos ecológicos procesados sin que estos pierdan su consideración. Es decir, no por el hecho de ser productos

---

los productos ecológicos, con respecto a la producción ecológica, su etiquetado y su control.
7. Véase https://n9.cl/eiowe.

ecológicos estos alimentos están completamente libres de cualquier aditivo, ya sea natural o sintético, como puede pensarse. Eso sí, una característica común en prácticamente todos los productos procesados ecológicos es su envasado y etiquetado, ya que se buscan preferentemente envases rústicos y etiquetados que evoquen una producción artesana, incluso cuando, como estamos viendo, producción ecológica no implica producción artesanal. Estos alimentos son, por ejemplo, alimentos infantiles como purés de frutas, yogur, pastas, zumos, comidas preparadas, pasteles e incluso vino. Este último, dada su importancia comercial, tiene incluso su propia regulación desde 2012[8]. Para la elaboración de vino ecológico es necesario partir, lógicamente, de uva de producción ecológica y utilizar las sustancias y aditivos permitidos; además, deben ser de origen ecológico, si es que existen y están disponibles. Es decir, la legislación no obliga a que todos los ingredientes y aditivos que se utilizan durante el proceso de vinificación sean de origen ecológico, e incluso se permite un uso limitado de sulfitos, de forma similar a como ocurre en los vinos convencionales. Las diferencias se reducen.

En cualquier caso, todos los productos ecológicos producidos y vendidos como tal en la Unión Europea deben contar con una certificación que concede cada país miembro. En el caso de España, dicha aplicación está transferida a las comunidades autónomas. Los productores certificados pueden, a su vez, utilizar el logo identificativo en sus productos. Si bien existe un logo europeo obligatorio, también otros pueden aparecer en las etiquetas y los otorga la autoridad competente que hace la certificación. Además, estas entidades son las encargadas de llevar a cabo el control de forma

---

8. Reglamento de ejecución (UE) nº 203/2012 de la Comisión, de 8 de marzo de 2012, que modifica el Reglamento (CE) nº 889/2008, por el que se establecen disposiciones de aplicación del Reglamento (CE) nº 834/2007 del Consejo, en lo que respecta a las disposiciones de aplicación referidas al vino ecológico.

que se asegure que las prácticas establecidas en la legislación se siguen utilizando de forma correcta una vez se ha obtenido la certificación. Estos controles incluyen una visita anual, como mínimo, a las instalaciones del productor, donde se ha de proceder a un control físico para comprobar que las técnicas de producción empleadas son correctas. Puede parecer, por tanto, evidente que el cumplimiento de las buenas prácticas por parte de los productores queda supeditado casi en su totalidad a la buena fe, puesto que una visita anual puede no ser suficientemente eficaz para revelar la existencia de prácticas agrarias o ganaderas no permitidas, como, por ejemplo, la aplicación de pesticidas no permitidos o el uso de antibióticos durante el crecimiento de los animales.

Beneficios medioambientales

Aunque dentro de los principios de la agricultura y ganadería ecológicas se encuentra la búsqueda preferente de sistemas que impliquen un respeto por el medioambiente y que no lo dañen en exceso, la práctica puede ser totalmente alejada de esta realidad.

A pesar de que no se pueden utilizar sustancias fitosanitarias de síntesis, sí que existe un número de ellas de origen natural que pueden emplearse en cultivos ecológicos. Existe una creencia ampliamente extendida en la que estas sustancias, por ser naturales, no contribuyen al deterioro medioambiental, como sí lo hacen las sintéticas. Nada más lejos de la realidad. Este es un tema espinoso que guarda relación directa con la quimiofobia que muchas personas padecen en la actualidad, mostrando un rechazo poco menos que absurdo por todo lo que se etiquete como "químico". Sin embargo, las sustancias más tóxicas conocidas son tan naturales como el agua de manantial y también igual de químicas. Hoy en día, el progreso, la tecnología, las investigaciones y el desarrollo han ayudado a encontrar sustancias químicas selectivas para el control de plagas. Es decir, pueden atacar ciertos organismos y ser inocuas para otros. Por ejemplo, hay muchos pesticidas que se utilizan para luchar contra algún tipo de plaga en concreto, mientras que no dañan a otros animales que no causan plagas y que pueden ser incluso beneficiosos para el medioambiente, como es el caso de las abejas. Pero también existen pesticidas naturales con una gran toxicidad, pese a su "naturalidad", como las piretrinas, un pesticida natural permitido en agricultura ecológica. Estos compuestos, que se encuentran de forma natural en las flores de algunos crisantemos, se utilizan frente a insectos, pero son igualmente tóxicos para insectos causantes de plagas como para los que no, así como para reptiles y, además, presentan una alta toxicidad en peces, por lo que, en caso de filtrarse en aguas, se pueden agravar sus efectos medioambientales.

Se puede pensar que todo lo natural es mejor para el medioambiente, pero es posible que los efectos colaterales de su empleo sean superiores a los del uso correcto de un pesticida sintético concreto. Otro ejemplo es la rotenona, un insecticida natural inicialmente incluido en la lista de productos permitidos en agricultura ecológica y posteriormente eliminado por su toxicidad[9]. De igual manera, los purines empleados para abonar campos son un gran foco de contaminación de aguas.

Conviene tener una perspectiva amplia y lógica en lo que a la agricultura se refiere y alejarse de dogmatismos y "naturalismos" injustificados: la agricultura nace con el objetivo de producir una especie de planta determinada para emplearse como alimento, en detrimento de otras, de forma que se produzca en gran cantidad. Por tanto, ¿no es acaso la

---

9. Decisión de la Comisión de 10 de abril de 2008 relativa a la no inclusión de rotenona, extracto de *equisetum* y *clorhidrato* de quinina en el anexo I de la Directiva 91/414/CEE del Consejo y a la retirada de las autorizaciones de los productos fitosanitarios que contengan estas sustancias.

propia agricultura (ya sea convencional o ecológica) un medio de reducir la biodiversidad? Una hectárea de trigo cultivado está compuesta por un número de especies significativamente menor que una hectárea silvestre no cultivada, y además las semillas utilizadas, sean ecológicas o no, se han seleccionado por sus características como cultivo (productividad, características del producto u otras razones) y no en pos de la biodiversidad y la biología. Esta selección tiene mucha lógica, puesto que si se quiere producir alimento para un gran número de personas, como ocurre en cualquier cultivo agrario, es más útil utilizar semillas que maximicen los recursos e intentar controlar los factores que puedan interferir en su crecimiento; de lo contrario tendríamos poco alimento para todos y a precios inalcanzables para muchos. Esto no significa defender la intensificación a gran escala, sino solo valorar en su justa medida los efectos que cada planteamiento puede tener para el medioambiente.

En cualquier caso, las semillas utilizadas en la agricultura ecológica, así como los productos fitosanitarios permitidos, pueden provenir de las grandes multinacionales que proporcionan semillas para cultivos convencionales, por lo que la producción en sí estará sometida a idénticos intereses comerciales. En el caso de la ganadería sucede lo mismo: los animales no se utilizan indiscriminadamente. Las razas utilizadas han sido seleccionadas genéticamente, no mediante tecnología pero sí mediante el paso del tiempo y la selección guiada. Los ganaderos cruzan sus mejores animales entre sí, mejorando, por tanto, la raza, pero produciendo de paso una disminución significativa de diversidad genética y, con ella, de biodiversidad.

A pesar de la imagen bucólica del agricultor "artesano", es evidente que la producción agraria actual, tanto en cuanto a necesidades de alimentos por parte de la población como a actividad económica para quienes se dedican a ello, no permite el uso de trillos ni bueyes. Por tanto, incluso el más escrupuloso de los productores ecológicos se verá obligado a utilizar maquinaria y tecnología exactamente igual que los dedicados a la agricultura convencional. Por este motivo, es igualmente cierto que los humos de los tractores sobrevolarán los cultivos ecológicos, las cosechadoras podrán perder aceite de motor sobre los granos o incluso los productos podrán contaminarse en los graneros u otros centros de almacenaje, por ejemplo, con raticidas. Y este hecho enlaza con otro de los efectos medioambientales de la agricultura en general: no solo la producción puede ser una fuente de contaminación, sino también, incluso más, la distribución. Por tanto, comprar en España un kilo de tomates ecológicos producidos en Holanda, por poner un ejemplo, habrá contribuido a que se incremente la huella ecológica (o huella de carbono) de ese alimento, puesto que el transporte a larga distancia habrá generado una contaminación importante. De igual manera sucederá con las cerezas ecológicas del valle del Jerte vendidas en un puesto de un mercado berlinés. Y es que lo más respetuoso para el medioambiente sería que todos consumiéramos los productos de nuestro entorno, minimizando de esa forma toda la contaminación ingente producida por la cadena de distribución. Esto sí sería muy beneficioso, independientemente de su origen convencional o ecológico, aunque habría que asumir inconvenientes, como no poder disfrutar de nuestra fruta preferida durante todo el año o prescindir de ciertos productos no locales.

Beneficios para la salud

A menudo mezclamos potenciales beneficios cuando hablamos de diferentes temas relacionados con la alimentación y se tiende a pensar que lo natural es siempre más saludable, mientras que lo sintético parece casi venenoso. En este caso, la producción ecológica, dadas sus premisas y características y asumiendo un escrupuloso cumplimiento de la normativa, puede pensarse que es beneficiosa para el medioambiente o, mejor dicho, menos perjudicial que otras prácticas. Sin embargo, ni asumiendo todas estas suposiciones se puede pensar que esos alimentos, aun siendo mejores desde el punto de vista ecológico, serán mejores desde el punto de vista de la salud.

Por ejemplo, uno de los argumentos más manidos es la ausencia (teórica) de pesticidas y otros compuestos sintéticos en los alimentos, aunque es una verdad a medias. Lo cierto es que, en nuestro entorno, el uso de pesticidas en el caso de productos vegetales y antibióticos en el caso de carnes y productos derivados de animales está completamente regulado. La EFSA se encarga de evaluar qué sustancias pueden utilizarse y en qué cantidad, fomentando continuamente el desarrollo de investigaciones para asegurar la correcta calidad alimentaria dentro de la Unión Europea; además, mantiene actualizada una lista en la que se especifica si un determinado compuesto puede o no emplearse y qué cantidad máxima del mismo puede encontrarse en el alimento. Esta cantidad, denominada límite máximo de residuo (LMR), establece que la ingesta regular por parte de un individuo no va a generar ningún problema para su salud. Por lo tanto, todo alimento que pueda presentar algún residuo de plaguicida/antibiótico por debajo de estos límites se puede considerar seguro, puesto que el efecto que esa cantidad tendrá para la salud será inocuo. Lógicamente, esta lista puede sufrir cambios a lo largo del tiempo, de forma que, conforme se adquiere nuevo conocimiento científico, puede volverse más rigurosa. La ventaja adicional que tiene este férreo control sobre las sustancias que pueden utilizarse en la agricultura y ganadería convencionales es que los alimentos están más controlados que nunca.

Muchos productos de la agricultura ecológica evocan producciones menos intensivas, propias del siglo pasado, dando una idea de que, cuando apenas había tractores, la agricultura era más sana, aunque la realidad es que después de las dos guerras mundiales el uso de pesticidas estaba muy extendido, y en aquella época el agricultor podía añadir lo que quisiera en las cantidades que estimara convenientes, sin que existiera ningún control ni en el campo ni en los productos finales. Esto incluía el empleo de agentes altamente tóxicos prohibidos en la actualidad, como el DDT. Sin embargo, los controles actuales de seguridad alimentaria permiten asegurar la inocuidad de los alimentos que consumimos, independientemente de cómo hayan sido producidos. En el último informe publicado por la EFSA acerca de la presencia de residuos de pesticidas en alimentos (EFSA, 2024a) se resumen los casi 111 000 controles llevados a cabo por los organismos competentes en cada país miembro durante 2022. De todas estas muestras, el 96,3% estaba libre de residuos o los presentaba por debajo de los límites permitidos; solo en el 1,6% de las muestras analizadas se encontraron niveles superiores a los permitidos, lo que desembocó en consecuencias administrativas para los productores. Del total de muestras analizadas, más de 6700 provenían de agricultura ecológica y, de estas, el 97,6% no contenía residuos o los contenía por debajo de los límites permitidos (en el 18,6% de los casos). Además, en el 2,4% se encontraron residuos por encima de los límites máximos permitidos.

Estos datos tienen una doble lectura: parece que la comida ecológica tiene menos residuos de pesticidas que la convencional (97,6% frente a 96,3%), pero el 18,6% de las muestras contenían pesticidas, ya fuera por debajo o por encima de los límites. Estos resultados pueden tener explicación en algunos casos, al corresponder a sustancias permitidas en agricultura ecológica, o determinarse como contaminantes persistentes derivados de sustancias prohibidas anteriormente. Sin embargo, otros casos son más sorprendentes, puesto que las sustancias encontradas, aunque sea en pequeña cantidad, no deberían haberse utilizado nunca en agricultura ecológica, puesto que no están permitidas.

Otro aspecto a considerar es si los alimentos de origen ecológico, gracias a sus prácticas de producción concretas, poseen mayor cantidad de sustancias bioactivas, es decir, compuestos que se encuentran dentro de dichos alimentos y que podrían tener un papel relevante y positivo en la prevención de enfermedades en los consumidores. En este sentido, numerosos estudios científicos han comparado plantaciones convencionales y ecológicas con el fin de buscar diferencias en la composición de los productos resultantes para decantarse por un sistema u otro. Por ejemplo, un estudio que comparaba variedades de tomate de Navarra y Extremadura mediante procesos ecológicos y convencionales ha permitido observar que la composición de polifenoles presentes en los tomates no cambiaba de forma significativa independientemente del modo de producción (Martí, 2018). Los polifenoles son compuestos conocidos por su carácter antioxidante a los que se les asocia un gran número de acciones beneficiosas para el organismo. Sin embargo, la variedad cultivada sí tenía una influencia mucho mayor, así como las condiciones ambientales de crecimiento, lo que demostraba que tanto la genética como el clima tenían mucha más influencia que el método elegido para su producción. Otros estudios, a través del análisis de publicaciones científicas de manera estadística (metaanálisis), también han concluido que no existe una base científica comprobada para afirmaciones del tipo "la comida ecológica es más nutritiva/saludable que la convencional" (Smith-Spangler, 2012; Jensen, 2013).

No es raro tampoco que otros estudios parezcan indicar lo contrario, es decir, que los productos orgánicos poseen una mayor cantidad de compuestos bioactivos que sus correspondientes equivalentes convencionales (Leontowicz, 2013; Baranski, 2014). Sin embargo, dado que la mayor parte de las investigaciones indican lo contrario y que no hay una clara evidencia científica que lo demuestre, estas diferencias podrían deberse a cambios concretos en las condiciones de producción y crecimiento, bien por una determinada situación geográfica, bien por condiciones climatológicas o bien por diferencias genéticas entre variedades del mismo cultivo. Esto es incluso reconocido por autores de estudios en los que se observa un ligero aumento de algunos compuestos bioactivos en alimentos orgánicos en comparación con convencionales (Brandt, 2011). Estos autores incluso han aplicado un modelo matemático para predecir el cambio en la esperanza de vida resultante si se sustituyeran todas las frutas y vegetales de producción convencional consumidas en la dieta por ecológicas. Sus resultados mostraron que las mujeres tendrían un ligerísimo aumento en la esperanza de vida equivalente a 17 días, mientras que en los hombres sería de 25 días.

Aunque la cantidad de factores externos incontrolados que no se consideran en estos cálculos es grandísima, es curioso observar que el "aumento en salud" estimado es, incluso así, realmente pequeño. En cualquier caso, hay que resaltar que actualmente no existen estudios con grandes grupos de personas (cohortes) en los cuales se observe la influencia de uno u otro tipo de alimentación sobre enfermedades crónicas, como enfermedades cardiovasculares, diabetes, cáncer o enfermedades neurodegenerativas, ni tampoco estudios de intervención en los que se comparen los efectos que las dietas con alimentos ecológicos puedan tener respecto a aquellas con alimentos producidos de manera convencional.

Sin embargo, sí que es importante destacar que los compuestos nutricionales y aquellos supuestamente beneficiosos para la salud (que están aún por demostrarse) pueden o no llegar a nosotros dependiendo de las formas en las que se cocinen independientemente de si proceden de alimentos ecológicos o convencionales.

Alimentos de mejor calidad

Es cierto que existe una predisposición por parte del consumidor a considerar los alimentos ecológicos de mejor calidad que los convencionales, y esto se debe, por ejemplo, a la asociación entre agricultura ecológica y agricultura "artesanal". Es evidente que las prácticas intensivas que hoy se utilizan para aumentar la producción podrían tener un efecto en las características sensoriales de los alimentos. Sin embargo, como ya hemos explicado, la agricultura ecológica no deja de ser intensiva *per se*. De hecho, se puede hacer agricultura ecológica en invernaderos, acelerando el crecimiento, e incluso está permitida la maduración de frutas con etileno en cámaras. Por tanto, será cada producto concreto el que pueda ser considerado como de mayor o menor calidad, pero no en sentido amplio y generalizando. Existen en la bibliografía científica diferentes ejemplos contradictorios en cuanto a las conclusiones alcanzadas sobre la supuesta mejor calidad de los productos ecológicos, pero es interesante observar que, aunque los consumidores piensan que los ecológicos son de mejor calidad, no siempre son capaces de diferenciarlos de otros convencionales en catas a ciegas (Tobin, 2013). Estamos tan condicionados por el *marketing* ecológico que incluso el hecho de que aparezca el logo de producto ecológico en una etiqueta cambia la percepción sensorial que tenemos del mismo. Este hecho se ha demostrado en un estudio realizado en España con 90 voluntarios que probaron el mismo vino de La Rioja etiquetado como ecológico y de manera convencional. Curiosamente, el ecológico se percibió como de mejor calidad, pese a ser el mismo (Apaolaza, 2017).

Otro ejemplo lo encontramos en las carnes. Las prácticas ganaderas ecológicas pueden ser más "benévolas" con los animales, dotándoles de mayor espacio y pastos silvestres en comparación con las producciones intensivas estabuladas. Como resultado, algunos pensarán que la carne es mucho mejor, la leche tendrá más sabor y los huevos serán más grandes. Y, efectivamente, se pueden encontrar efectos positivos en términos de calidad, pero ¿es esto el resultado de la producción ecológica? La respuesta es nuevamente no, no necesariamente. Por ejemplo, se sabe que la carne y los productos de cerdos ibéricos son mejores que la de los cerdos criados en un cebadero. Estos cerdos pastan por las dehesas, comen bellotas, crecen poco a poco, hacen ejercicio y el resultado en términos de calidad es evidente. Posiblemente también la raza tenga un componente muy importante en esta calidad. Sin embargo, pueden recibir también piensos no ecológicos, antibióticos u otras sustancias permitidas para tratar enfermedades y otras prácticas que no siguen los principios de la ganadería ecológica. Por tanto, la calidad dependerá de muchos factores, no solo los relativos al modo de producción ecológica. Del mismo modo, podemos hacernos la pregunta de si el ciudadano medio podría permitirse comer la misma cantidad de carne si toda la disponible fuera producida como lo son los cerdos ibéricos. Parece claro que no.

En conclusión, aunque la producción ecológica de vegetales y animales puede dar lugar a alimentos sanos, con una gran calidad y respetando el medioambiente, no podemos presuponer que todo alimento que contenga el sello de alimento ecológico va a cumplir estas premisas. Ni todo lo ecológico es la panacea alimentaria ni todos los productos convencionales son dañinos y están contaminados o contaminan durante su producción.

CAPÍTULO 8

Zumos naturales y dietas ancestrales

No estamos hablando aquí de zumo de naranja recién exprimido, ni de zumo de uva o de manzana, sino que vamos a analizar algunas de las últimas tendencias en alimentación solo con zumos, batidos y combinaciones intermedias, así como las relacionadas con las erróneamente llamadas dietas *naturales*, incluyendo las *crudívoras*, porque, según sus defensores, cocinar destruye todo lo bueno del alimento.

A pesar de que estas prácticas carecen de fundamento científico demostrado, suelen tener éxito porque parecen terapias curativas que se realizan sin esfuerzo. Adelgazar sin esfuerzo, tener una piel perfecta sin esfuerzo, nutrirse bien si esfuerzo, estar sanos sin esfuerzo…

Al rico zumo y al rico batido

Una de las tendencias más enloquecidas es la de las dietas *detox* o depurativas, que persiguen mejorar integralmente el organismo, a la vez que *limpiarlo* y depurarlo tan solo ingiriendo alimentos de forma líquida mediante batidos y zumos de frutas y verduras. Esta moda ha sido alimentada por el efecto de imitación al ver algunos famosos paseando con jarras de líquido verde y haciendo campaña de lo bien que se puede llegar a sentir uno alimentándose así. Según sus preceptos, cada una tiene una serie de propiedades infalibles: la piña ayuda a digerir las proteínas, los arándanos purifican las vías urinarias, las espinacas depuran el tracto intestinal, el pepino mejora la elasticidad de la piel, el plátano es un remedio natural contra la depresión, el limón oxigena la sangre…

Lo cierto es que este tipo de dieta carece de soporte científico que demuestre alguno de los supuestos efectos beneficiosos. Es cierto que, dados sus componentes básicos, frutas y verduras, no son perjudiciales: beber un zumo de vez en cuando difícilmente provocará ningún daño, pero sustituir toda la dieta por preparados bebibles sí que implica riesgos para la salud.

Esta dieta elimina, en primer lugar, la fase de masticación. Este hecho tiene mucha importancia a nivel fisiológico, puesto que masticar ayuda a que se desencadenen los mecanismos que intercomunican hambre y saciedad en el cuerpo. Además, el tiempo que se toma al masticar ayuda a aumentar la sensación de saciedad y a que se pueda digerir mucho mejor la comida, puesto que se mezcla en la boca con la saliva, plagada de enzimas que facilitan la digestión de ciertos componentes. Además, hace que el tránsito intestinal sea más lento, pues la comida estará menos triturada en origen y se irá procesando poco a poco.

En el caso de la fruta, por ejemplo, rara vez una persona comerá tres naranjas seguidas; sin embargo, se tarda un suspiro en consumir un zumo de las mismas tres naranjas. Al igual que en un zumo de naranja la proporción de azúcares libres será mayor en relación a la naranja originaria, al elaborar un batido de verduras se generan procesos de concentración de algunos ingredientes y no solo vitaminas. Uno de ellos es el ácido oxálico, un compuesto orgánico presente en vegetales verdes de forma natural y que, consumido en cantidades normales, no representa ningún riesgo para el organismo. Sin embargo, cuando se prepara un batido con el equivalente a más de un kilo de verduras verdes (como es el caso de las espinacas o la col rizada, también llamada kale), la cantidad que se ingiere de este ácido es tan elevada que pueden producirse cálculos renales (la EFSA calculó que en tan solo 250 ml de este tipo de batidos comerciales ya aparece una cantidad mayor de esta sustancia que la recomendada diariamente). Sorprendentemente, el cuerpo humano tiene dos filtros depurativos que funcionan de forma increíble, los riñones y el hígado, y que solo necesitan de un buen aporte de agua para que funcionen a pleno rendimiento.

Además, otro aspecto relevante es el supuesto potencial nutricional real de estas dietas. Como parece claro, al eliminar de la dieta algunos grupos de alimentos tan importantes se producen automáticamente desajustes en cuanto a la cantidad de nutrientes recibidos, por no hablar de que una dieta hipocalórica puede provocar, posteriormente, un aumento de peso mucho mayor.

Sin cocinar

Otra tendencia es el *crudivorismo* o dieta *raw*. Se basa en no cocinar los alimentos o hacerlo por debajo de 40 °C, según la teoría de que, si se utilizan mayores temperaturas, los nutrientes de los alimentos se pierden. En estas condiciones, el consumo de carnes y pescados está prácticamente descartado, por lo que quedan frutas, verduras, algas, germinados y frutos secos, todos ellos en crudo. Generalmente, tampoco se consumen leche ni huevos. Es evidente que por el simple hecho de hacer esta selección ya se genera un desequilibrio nutricional, al prescindir de alimentos que aportan nutrientes indispensables. Pero, además, el origen de este tipo de dietas se basa, nuevamente, en ideas erróneas y presunciones dudosas.

Aunque algunos nutrientes naturalmente presentes en los alimentos pueden perderse durante el cocinado, siempre depende del tipo de alimento y del tipo de cocinado.

Lo que no se dice cuando se habla de estas dietas es que, dentro de la evolución de nuestra especie, lo que realmente transformó al ser humano fue cocinar los alimentos. El cocinado hace más disponibles los macronutrientes de los alimentos (proteínas, grasas e hidratos de carbono), aun perdiendo vitaminas, mientras que en crudo solo se aprovecha entre el 30 y el 40% del potencial de nutrientes de un alimento. Por lo tanto, el hecho de aprender a cocinar permitió al ser humano dedicar menos tiempo a la búsqueda de alimento y aumentó la energía disponible para dedicarla a otras tareas, favoreciendo de esta manera la evolución. Llevando una dieta normal, nuestras necesidades vitales en cuanto a vitaminas están más que cubiertas.

Además, otro argumento para seguir esta dieta es que, al cocinar, se perderán algunas enzimas presentes en las verduras que deberían ayudar a la digestión, ignorando que el organismo ya aporta las enzimas y condiciones digestivas necesarias para metabolizar los alimentos de forma correcta. Finalmente, otro precepto es que los alimentos cocinados pueden crear acidez.

La dieta del pH

La dieta del pH o alcalina se basa en una nueva teoría que se aprovecha de una de las características de nuestro cuerpo: que la sangre tiene un valor de pH ligeramente alcalino. De esta forma, se pretende relacionar un exceso de ácido en el organismo con un deterioro de la salud y la consiguiente aparición de enfermedades. Este aumento de ácido en los líquidos corporales lleva el nombre de acidosis metabólica y generalmente está provocada por una acumulación de ácido láctico producida por algún problema de salud, como una parada cardiorrespiratoria, deficiencias renales, insuficiencias hepáticas, cáncer u otros problemas graves. Para justificar esta dieta se ha dado la vuelta a las tornas y no se ve la acidosis como lo que es, una consecuencia de un problema de salud, sino como la causa de dichos problemas. Y de este modo, todo esto se puede solucionar a partir de una alimentación alcalina a base de alimentos que ayuden a elevar el pH de la sangre. Esto es ignorar que el propio cuerpo tiene sistemas para que el pH se mantenga estable.

Se considera que los alimentos alcalinos son las frutas y los vegetales y que los que generan acidez son las carnes, las legumbres, los lácteos y, sobre todo, el azúcar, los refrescos y el alcohol, por lo que sus supuestos beneficios están ligados al aumento del consumo de frutas y verduras. Pero también existen desequilibrios nutricionales, pues se excluyen alimentos necesarios, y se pretende hacer creer que esta dieta es capaz de curar el cáncer o de prevenir la osteoporosis. Estas son afirmaciones completamente falsas que implican un potencial riesgo para la salud pública. Más aún cuando en la mayoría de portales de internet donde se defienden estas teorías se intenta vender algo relacionado con ellas. Ejemplos notables son las supuestas propiedades del agua de mar o las del agua alcalina.

Volviendo al Paleolítico

La última tendencia es la dieta paleolítica o paleo. Como su nombre indica, se trata de alimentarse como en la edad de piedra. Como ocurre con todas estas dietas, se parte de una teoría llamativa, pese a ser superficial, pero que pueda resultar suficientemente convincente para algunos.

Se da la curiosidad de que en la edad de piedra no existían las enfermedades actuales y esto se relaciona con el cambio en la alimentación. Por supuesto, hay que ignorar algún que otro hecho destacable como, por ejemplo, que los seres humanos de entonces rara vez superaban los 30-35 años. Realmente, casi no tenían tiempo de enfermar. Además, esta dieta se vende como aquella en la que se han de tomar los alimentos que sienten bien y evitar aquellos que sienten mal. En cualquier caso, esta dieta se basa, de nuevo, en consumir muchas frutas y vegetales, carnes magras, pescados y frutos secos, renegando de productos lácteos, cereales, legumbres, alimentos muy procesados, azúcares y alcohol. Suena repetitivo, ¿verdad? Como se puede deducir de esta lista, esta dieta, como tantas otras, coge la ola de las últimas tendencias en alimentación y elimina la leche y los cereales (gluten) y, sorprendentemente, las legumbres. Sin embargo, muchos de sus seguidores apostarán por la "leche" de soja, una leguminosa, o la de avena, un cereal con gluten, para sustituir la de vaca.

Está muy extendida la creencia de que los aditivos son tóxicos, sobre todo si tienen una naturaleza sintética o se perciben como poco naturales. Un ejemplo notorio es el cloro, un elemento químico que se encuentra, entre otras cosas, en la lejía. Se le atribuye a Francisco Grande Covián, médico y fundador de la Sociedad Española de Nutrición, la frase de que "no hay nada más natural que la bacteria del cólera y nada más artificial que el cloro, pero gracias a clorar el agua que bebemos no morimos de cólera". A pesar de la *quimiofobia* imperante, algunos de estos aditivos sintéticos son muy eficaces en la labor de mantenernos sanos y de permitirnos comer con seguridad. Además, están sometidos a una constante revisión de su seguridad y la Unión Europea obliga a utilizarlos en determinadas condiciones.

Evidentemente, uno de los puntos fuertes de la dieta paleo es evitar los alimentos muy procesados, recomendación que se puede obtener también de cualquier nutricionista serio, pero no por contener sustancias sintéticas tóxicas, sino por el exceso de grasas saturadas, azúcar y sal que se consumen.

No se puede considerar saludable excluir por completo grupos de alimentos de la dieta, ya sean carnes, pescados, cereales o cualquier otro tipo, ni aunque se sustituyan por frutas y verduras, que obviamente pueden ser saludables. Todo debe ir acompañado en su justa medida, porque cualquier cosa en exceso, por natural que parezca, puede resultar perjudicial. Además, no se puede transmitir la idea de que los zumos o batidos pueden sustituir comidas o, peor aún, compensar malos hábitos. Por ejemplo, hacer deporte es bueno, pero, si no se hace, no se compensa con un zumo *detox*. Lo más importante, y difícil, en alimentación saludable es mantener un equilibrio y acompañarlo de buenos hábitos de vida.

La mentira prodigiosa

Mención aparte merece la dieta basada en la enzima prodigiosa, derivada del libro homónimo. En este se hace apología de una supuesta enzima *madre* que puede desempeñar una función determinada dependiendo de las necesidades del cuerpo. Una enzima es un tipo de proteína que se encarga de catalizar reacciones en el organismo. Además, seguramente por similitud con las células madre, se establecen algunos parámetros de la dieta que perjudican o benefician la aparición de la enzima milagrosa, que pueden llegar incluso a curar enfermedades. Estos se basan en minimizar el consumo de carne, eliminar lácteos, huevos y cereales refinados y potenciar el consumo de pescado, cereales y vegetales. Es decir, una dieta muy parecida a las anteriores, pero con la salvedad de que promete la curación completa del cáncer si se lleva a rajatabla y se evitan agentes farmacológicos, es decir, la quimioterapia. Por supuesto, este libro no ofrece ninguna justificación científica a todos los preceptos y afirmaciones que arroja que ponen en serio riesgo la salud de las personas.

CAPÍTULO 9
Los alimentos *milagro*

Es casi una tradición que, cada cierto tiempo, aparezca un nuevo alimento de cuya existencia poco o nada se sabía hasta el momento, y que se relacione con un número de beneficios nutricionales y para la salud desconocidos. Estos alimentos milagro —superalimentos o *superfoods*— cumplen un mismo patrón: son productos exóticos, que parecen de culturas lejanas, tienen una época de furor desmedido, poco a poco van desapareciendo progresivamente hasta que se sustituyen por los siguientes y suelen tener un precio elevado. Además, suelen cumplir otra característica esencial, y es que suelen utilizarse como complemento y en muy poca cantidad. Es decir, no se integran realmente en la dieta diaria ni se elaboran platos con ellos, sino que se toman como suplementos.

Sobra decir que no existe ningún alimento con propiedades curativas o mágicas, como las que parecen aducir estos términos, sino que, más bien, se trata de una terminología comercial para hacerlos más atractivos y diferenciarlos de los alimentos tradicionales. Además, estos términos están prohibidos en los etiquetados, por lo que no será posible encontrarlos en ninguno de estos productos.

Furores pasados

Hay alimentos milagro cuya época dorada ya ha pasado; como las bayas de goji. Sus promesas hablaban de su buenísima composición química, con ácidos grasos omega-3, carotenoides, minerales o vitaminas, entre otros. Eran buenas para la vista porque tienen β-caroteno, un carotenoide muy conocido por estar muy presente en las zanahorias, además de que eran buenas para el correcto funcionamiento del hígado y los riñones, para tratar la diabetes o el lumbago. Apenas existen estudios sobre los efectos para la salud de estas bayas. Sin embargo, sí que se han demostrado casos de empeoramiento de alergias al polen por tomarlas, dado que estos frutos están muy cerca de las flores en la planta y pueden verse contaminadas, e incluso riesgos para las personas con la tensión arterial alta. También preocupantes fueron los resultados de un estudio realizado en España por la Organización de Consumidores y Usuarios en 2013 sobre distintas muestras de bayas de goji, que reveló que todas las muestras contenían una alta concentración de pesticidas, incluso algunos cuyo uso está prohibido dentro de la Unión Europea, lo que puso de manifiesto la falta de control en su venta.

Este tipo de productos, cuya exposición al público es en forma de preparados o pastillas, como no se consideran fármacos ni alimentos tradicionales, quedan en un limbo legal que permite su comercialización de forma muy dudosa desde el punto de vista ético, haciendo referencia a supuestos beneficios para la salud que, en realidad, no existen y sin que se lleve un control efectivo sobre su contenido real y su seguridad. En otras ocasiones sí podría haber un beneficio potencial, pero, en la práctica, este nunca se alcanza por el efecto de la dosis o de la ración de consumo. Por ejemplo, aunque tomemos por buenos los datos que se pueden encontrar sobre la cantidad de β-caroteno presente en las bayas de goji, mayores por cada 100 g de producto que las que se encuentran en las zanahorias, los gramos de bayas que realmente se consumen son menores que los de la zanahoria, por lo que la relevancia que tiene dicha cantidad durante la alimentación es reducida.

Otro alimento o suplemento que tuvo su época de esplendor, a pesar de que sigue vendiéndose, es la espirulina, que es un alga microscópica (*Spirulina platensis*) que se consume seca, en forma de pastillas o cápsulas. Esta alga se caracteriza por su alta proporción de proteína y su bajo contenido en grasa. Por esta razón se ha señalado como una buena fuente de proteína alternativa, sobre todo para vegetarianos. En cualquier caso, la realidad es que el consumo diario de estos suplementos es de unos 2 g. Teniendo en cuenta que el 65% del peso seco de las algas es proteína, la cantidad de proteína que se consume de esta manera es de 1,3 g (en un solo huevo se consumen 8 g de proteína aproximadamente, mientras que en un vaso de leche hay 7 g, en un filete de pechuga de pollo podemos encontrar hasta 45 g y en un plato de lentejas, 16 g).

Consecuentemente, la cantidad diaria que se puede consumir con este suplemento es totalmente irrelevante, por lo que, aunque la composición química de la espirulina puede ser muy saludable y apropiada en términos nutricionales, por el hecho de tomar dos pastillas de este producto nuestra salud no va a mejorar.

Las semillas maravillosas

Entre los alimentos de moda se encuentra la quinoa o quinua. Esta planta es un pseudocereal, es decir, tiene un uso similar al de un cereal, pero realmente no lo es. Es típica de Bolivia, Perú y Ecuador, donde se consume con regularidad; y en 2013 la FAO estableció el año internacional de la quinua, dio una gran publicidad y extensión a este cultivo y promovió numerosas investigaciones que persiguen observar si su consumo puede tener un efecto positivo sobre la salud. No obstante, los resultados obtenidos hasta el momento solo arrojan posibles efectos beneficiosos que están relacionados directamente con su composición química (Vilcacundo, 2017). Tiene una alta cantidad de fibra y un contenido elevado de grasas poliinsaturadas, muchas de ellas omega-3 (tabla 2); sin embargo, poseer una composición concreta no implica directamente ejercer unos efectos determinados sobre la salud. A diferencia de lo que ocurre con otros alimentos milagrosos, la quinua es un alimento que sí se consume desde hace tiempo, por lo que sería posible integrar este alimento en la dieta y poder consumirlo en cantidades más apreciables que en los casos anteriores. No obstante, estaríamos hablando de un alimento saludable con un perfil adecuado de nutrientes y apto para ser incluido en una dieta equilibrada y variada, pero en ningún caso de un alimento milagroso.

Tabla 2

**Contenido nutricional medio (g/100 g)
de los diferentes superalimentos comentados.**

COMPOSICIÓN (G/100 G PRODUCTO)	BAYAS DE GOJI	ESPIRULINA	QUINUA	CHÍA (SEMILLAS)	KALE	NATTO
Proteínas	12,5	65	16,5	16,5	4	19
Carbohidratos	65	24	69	40	9,5	13
de los cuales, fibra	6	3,6	14	34	2	5,4
Grasas	1	8	6,3	30	0,9	11
de las cuales, poliinsaturadas		2,1	3,3	18		6
Minerales		Sodio, potasio			Calcio, potasio	
Vitaminas	C				K	K
Energía (Kcal)	370	290	399	500	45	211

Fuente: Elaboración propia.

Otro caso particular es el de las semillas de chía. Chía es la denominación que recibe una planta herbácea del género *Salvia* en sus zonas de origen: sur de México y Centroamérica (Betancur-Ancona y Segura-Campos, 2016). Se trata de otra planta autóctona cuya utilización ha sido local hasta no hace mucho. Su composición química destaca por su alto contenido en ácidos grasos omega-3 y en fibra (tabla 2). En cuanto a su consumo, se utiliza como ingrediente en otras preparaciones o añadiendo una pequeña cantidad a bebidas. Además, se consideran difícilmente digeribles si se consumen enteras, por lo que la cantidad de producto que en realidad se consume es siempre bastante baja. Por tanto, aunque se ha determinado que la composición en ácidos grasos omega-3 es más abundante que la de algunos pescados como el salmón, en realidad una ración de pescado aportará más cantidad de estos ácidos grasos que una ración de semillas de chía, ya que esta última será mucho más pequeña, unos 10 g. Además, la chía es rica en un tipo de ácido graso omega-3 determinado que, una vez en el organismo, se transforma, por lo que es menos efectiva previniendo enfermedades cardiovasculares. En cuanto a las propiedades que se le atribuye, se habla incluso de sus beneficios para curar el cáncer, para perder peso, reducir el colesterol o incrementar el tamaño de los músculos. Algunos de estos supuestos beneficios, en ningún caso demostrados, pueden resultar peligrosos (como afirmar que podría curar el cáncer) o incluso contradictorios (como el hecho de que sirvan para perder el peso); y es que un dato al que rara vez se hace referencia es el elevado contenido calórico que contienen las semillas de chía, que pueden alcanzar hasta las 500 Kcal/100 g. Además, se han visto diferentes efectos perjudiciales derivados de su consumo en exceso, como malestares gastrointestinales, inflamación abdominal y problemas de asimilación de nutrientes que se derivan del consumo demasiado elevado de fibra. Por tanto, en este caso, se trata de un producto cuya composición nutricional puede ser positiva, pero que no se consumirá nunca en una proporción en la que pueda tener ningún efecto beneficioso reseñable.

Nuevos nombres, viejos alimentos

En un esfuerzo de publicidad y promoción por hacer surgir nuevas tendencias y alimentos novedosos con propiedades "milagrosas", hay casos en los que se recurre a una denominación diferente a la tradicional, de forma que el consumidor pueda incluso pensar que se trata de un producto nuevo. Es el caso de la col rizada o berza común, en cuyos "beneficios milagrosos" nadie piensa. Sin embargo, no ocurre lo mismo si hablamos de kale, que suena a nuevo y a moderno, aunque se trate del mismo producto. El kale es una hortaliza de hoja verde que se ha consumido tradicionalmente en España. Es rica en calcio y en algunas vitaminas, así como en fibra. Además, como contiene una gran proporción de agua, su aporte calórico es reducido, como ocurre con otros vegetales similares de la misma especie, como el brócoli, el repollo o la coliflor. Con este panorama, es difícil justificar su fama de anticancerígena y desintoxicante, acompañada de otras virtudes, como la de disminuir el colesterol, fortalecer los huesos y ayudar a perder peso. Por tanto, no es más que un vegetal cuyo consumo es muy recomendable dentro de una dieta variada y que aportará algunos beneficios específicos por su composición química particular.

Otras modas menos conocidas

Existen otros alimentos menos conocidos a los que se les atribuyen un buen número de superpropiedades, como el natto. Este producto, típico de la cultura japonesa, no es más que soja fermentada. Se ha asociado a la menor incidencia de enfermedades cardiovasculares, así como a una mejor salud ósea. El producto en sí se obtiene de la fermentación de la soja a través de una bacteria, lo que da lugar a un alimento rico en proteínas, como la soja original de la que proviene. Nutricionalmente, contiene una elevada cantidad de vitamina K, que se ha asociado con procesos de absorción de calcio en los huesos, lo que le ha dado fama como alimento indicado para prevenir la osteoporosis. Sin embargo, en el proceso adquiere consistencia pegajosa, recubierta de una mucosa y con un marcado sabor y olor, que le han restado popularidad.

Por su parte, reishi es el nombre con el que se conoce al hongo *Ganoderma lucidum*. Aunque en este caso se trate de un hongo comestible, lo cierto es que su producción está limitada a países orientales, prácticamente a China y Japón, donde se utiliza en preparados de medicina tradicional y no como alimento. Es rico en compuestos antioxidantes, así como en algunas vitaminas, minerales y carbohidratos de gran tamaño con propiedades inmunológicas. En cualquier caso, al no consumirse como alimento, sus nutrientes no tendrán una influencia muy determinante en la dieta. No obstante, existen diversos trabajos científicos publicados dirigidos a constatar los efectos que este hongo y sus componentes podrían tener sobre la salud, aunque siempre dentro de su uso como agente medicinal tradicional y no desde el punto de vista alimentario.

CAPÍTULO 10

Café, vino y cerveza: todo lo bueno... y lo malo

El café, el vino y la cerveza tienen varias cosas en común: son bebidas tremendamente populares que, sin ser imprescindibles desde el punto de vista nutricional, llevan asociados algunos beneficios para la salud, además de efectos negativos.

Café: ¿ángel o demonio?

El café es una bebida elaborada a partir de las semillas del cafeto tras infusionarlas con agua caliente. Antes de preparar la infusión, las semillas de café se someten a un proceso de tueste que proporciona las características sensoriales que la bebida posee, es decir, aromas y sabores, y da a los granos el color oscuro característico. Como curiosidad, el número de compuestos volátiles, relacionados con el aroma, que surgen y se generan después del tostado de los granos está en torno a mil.

Es relativamente habitual tomar café con leche en el desayuno y algunos más a lo largo del día, por lo que diferentes estudios se han puesto en marcha con el fin de intentar comprobar si este consumo podría tener efectos beneficiosos o perjudiciales. Como ya hemos visto, el café es un producto muy rico en antioxidantes, aunque tras el proceso de tostado estos pueden reducirse significativamente. No es lo mismo la cantidad de antioxidantes de las semillas verdes que la de las que han sido procesadas. Por otra parte, el café es también muy rico en cafeína, un compuesto muy popular a la par que potencialmente no recomendable.

Históricamente, el consumo de café no estaba muy recomendado, primero porque su valor nutricional, hablando de macronutrientes (proteínas, grasas y carbohidratos) y energía (es una bebida esencialmente hipocalórica), es muy limitado, y segundo porque su alto contenido en cafeína podría tener un efecto negativo en el aumento de la presión arterial, aunque a medida que se ha avanzado en la investigación de su composición y efectos, estas recomendaciones han ido modificándose. Todavía sigue sin recomendarse su consumo regular, si bien es cierto que no se desaconseja uno moderado. Este cambio en la percepción se debe fundamentalmente al hecho de que el efecto de la cafeína y el café de incrementar la presión arterial se ve reducido cuando el consumo se hace de manera regular, así como a la presencia en el café de sustancias en pequeña cantidad que podrían tener efectos positivos sobre la salud y que se pueden agrupar bajo el nombre de antioxidantes.

Estas sustancias son principalmente compuestos fenólicos y pueden ayudar al mantenimiento del peso corporal, mejorando procesos relacionados con el gasto energético que hace el organismo, la sensibilidad a la insulina al reducir la posibilidad de padecer diabetes tipo-2, así como la distribución de los lípidos sanguíneos (Baspinar, 2017). Todo ello se traduce en una disminución del riesgo a padecer enfermedades cardiovasculares e incluso neurodegenerativas, como así se ha visto tras llevar a cabo análisis combinados de estudios observacionales. Este tipo de estudios también ha permitido descartar una asociación entre el consumo de café y un aumento del riesgo de aparición de diferentes tipos de cáncer, a pesar de que en los años noventa se llegó incluso a pensar en esta posibilidad.

Recientemente se ha encontrado, en un estudio llevado a cabo en 10 países europeos, entre ellos España, durante 16 años y con una muestra de más de medio millón de personas, que el consumo regular de café permitía reducir la mortalidad prematura en cerca de un 3%, agrupando en ello todas las causas de muerte (Gunter, 2017). Además, no se observaron diferencias en cuanto a los resultados obtenidos en los diferentes países, ya que la tendencia se mantenía en todos ellos. Otros estudios han conseguido datos científicos que permiten deducir que la cafeína, más allá de su efecto excitante, podría tener una serie de efectos positivos; esta, por sus actividades estimulantes, también podría favorecer un descenso en la cantidad de grasa corporal, ya que incrementaría la actividad lipolítica, y sería capaz de disminuir la resistencia a insulina, que es uno de los detonantes de la diabetes tipo 2 (Acheson, 2004).

No obstante, son muy conocidos los efectos perjudiciales que la cafeína ejerce sobre el sueño. Muchos consumidores apasionados del café sabrán que un exceso de café a deshoras puede causar problemas a la hora de dormir, aunque se ha visto que la sensibilidad frente a este efecto es muy variable entre personas.

¿Mejor café solo o acompañado?

Como ocurre en otros temas, las opiniones científicas no son unánimes. Existen otros estudios que descartan el efecto positivo que la ingesta de café puede tener sobre las enfermedades mencionadas; no se trata, sin embargo, de un efecto negativo, sino más bien neutro. En cualquier caso, esto no implica que los datos científicos estén enfrentados, sino que parten de estudios diferentes. La forma de consumir café es muy variable: solo, con leche, corto de café, americano, cortado, con leche condensada, con alcohol, con nata y un larguísimo etcétera; si esta realidad la extrapolamos a otros países, la lista y las variaciones pueden ser innumerables, y por lo tanto también la influencia en los resultados que se obtengan, puesto que no es lo mismo a la hora de intentar ver los efectos positivos de los componentes del café si este se consume solo o, por el contrario, con grandes cantidades de azúcar, grasas (nata) o alcohol.

Además, es importante tener en cuenta que la variedad de café consumida es relevante, ya que hay algunas más ricas en compuestos potencialmente beneficiosos que otras, además de considerar el tratamiento de los granos. En este sentido, un tueste demasiado agresivo podría dar al traste con dichos efectos beneficiosos, al generarse compuestos que podrían tener importantes implicaciones para la salud por su toxicidad, como la acrilamida. Incluso el tipo de tueste hace que varíe la composición. En algunos países, como España, se consume mucho café torrefactado, es decir, durante el tostado se le añade un 15% de azúcar, creando una película brillante de azúcar quemado que da mucho color a los granos de café y los hace parecer de mejor calidad.

Por lo tanto, aunque las evidencias científicas en lo que al consumo de café se refiere no hablan unánimemente de la posibilidad de obtener beneficios para la salud tras su consumo, sí que indican claramente que, a diferencia de lo que se podía pensar hace cierto tiempo, su consumo moderado no es ni mucho menos perjudicial para la salud ni entraña ningún riesgo adicional.

Una copa de vino al día

Con el paso del tiempo y el esfuerzo de muchos sectores involucrados se ha conseguido introducir la idea de que el vino es saludable e, incluso, que su consumo diario es recomendable.

Es tan firme la creencia de que el vino en particular, pero también la cerveza, en un nivel de consumo moderado es saludable que pocas veces se pone en duda. Posiblemente el origen de esta creencia venga de la "paradoja francesa": un estudio llevado a cabo hace décadas que comprobó que los franceses consumían muchas grasas saturadas, una cantidad similar a la de otros países del norte de Europa, pero sin embargo su índice de enfermedades cardiovasculares era menor que en aquellos y más parecido al de los países donde predominaban las grasas monoinsaturadas (los del sur de Europa). Esta circunstancia se relacionó con el consumo de vino tinto, ampliamente extendido en Francia, al contrario que en el resto de países del norte analizados. Además, durante años han ido apareciendo estudios observacionales en los que se encontraba una relación positiva entre el consumo moderado de vino —una copa diaria— y un descenso del riesgo a padecer enfermedades cardiovasculares. Sin embargo, estos estudios han sido incapaces de demostrar relaciones causa-efecto; solo señalan que existe relación entre algunos factores. Por ejemplo, se sabe que las personas con mejor situación social y mayores ingresos tienen menos probabilidades de padecer ciertas enfermedades y son las que también se pueden permitir consumir vino de calidad a diario. Otra de las causas podría ser que el potencial efecto beneficioso fuese muy individuo-dependiente y variase en gran medida de una persona a otra.

Muchos de los estudios que concluyen con la afirmación "el vino con moderación es bueno para la salud" están directa o indirectamente financiados por la propia industria productora. ¿Alguien se acuerda de los estudios científicos de mediados del siglo XX que negaban que el tabaco o la nicotina fueran adictivos o, incluso, perjudiciales para la salud? En España, por ejemplo, la Fundación para la Investigación del Vino y la Nutrición (FIVIN) tiene entre sus objetivos, según la información que se encuentra en su propia página web, investigar científicamente la influencia del consumo moderado de vino en la salud y difundir las ventajas de dicho consumo. Es decir, no se promueve la investigación de si es positivo o no, sino la dirigida a demostrar que sí lo es, y a su amplia difusión.

Esto es tan solo un pequeño ejemplo de un gran entramado que existe en torno a algunas bebidas alcohólicas, y al vino en particular. Se ha desarrollado una imagen del consumo de vino que lo hace atractivo e inocuo a ojos de los consumidores, incluso de los jóvenes. Aunque también existen otras fuentes de financiación independientes que en la actualidad sufragan un buen número de proyectos de investigación que estudian el efecto del vino sobre la salud.

In vino veritas

El vino viene acompañado de un gran número de sustancias que se pueden considerar positivas para la salud, en un contexto determinado, como es el caso de los compuestos fenólicos como los taninos o el archiconocido resveratrol. Este último se encuentra en el vino en una cantidad muy pequeña para que pueda ejercer algún efecto sobre la salud (Weiskirchen, 2016). Mientras que el vino contiene unos 5 mg por litro, la cantidad estimada de resveratrol que sería efectiva se situaría en torno a 1 g al día o, lo que es lo mismo, la correspondiente a 200 litros de vino, 350 botellas. En cuanto al resto de componentes, es cierto que en el marco de una dieta equilibrada y saludable podrían tener un efecto positivo sobre la salud, pero es igualmente cierto que estos compuestos no se encuentran en exclusiva en el vino y que cualquier persona que consuma frutas y verduras podrá ingerir cantidades mucho mayores de los mismos.

Además, siempre que se habla de la relación entre vino y salud se obvia el componente estrella del vino: el alcohol. En un vino tinto podemos encontrar de media un 13% de alcohol, por lo que hay que considerar que este contenido podría tener también efectos perjudiciales para la salud. No existen discrepancias de opinión: el alcohol como sustancia, y el alcohol etílico o etanol en particular, que es el que se encuentra en las bebidas alcohólicas, es tóxico y nocivo y, además, puede ser adictivo. La influencia del alcohol sobre diferentes enfermedades, incluyendo cáncer, enfermedades cardiovasculares o enfermedades gastrointestinales, entre muchas otras, es evidente (Zhou, 2016). Por esta razón, las diferentes entidades internacionales relacionadas con la salud, incluyendo la OMS (2012), aconsejan no consumir alcohol, ni tan siquiera de forma moderada. La particularidad del vino es que combina un contenido de alcohol inferior al de las bebidas destiladas con un contenido apreciable de compuestos fenólicos. Pero la moderación depende de las características de una persona, de su raza, de su peso, incluso de su sexo, y el límite puede cambiar significativamente. Lo cierto es que una sola copa de vino (150 ml) contiene casi 20 g de alcohol, que se transformarán en unas 140 Kcal, por lo que lo problemático del término "moderación" es que es totalmente subjetivo.

Por todas estas razones, el consumo de vino no puede recomendarse desde el punto de vista nutricional, aunque también es cierto que muchas investigaciones científicas en curso pueden hacer cambiar esta idea si se obtiene una evidencia científica suficientemente sólida que lo demuestre, por ejemplo, a través de la potencial interacción del vino con la microbiota intestinal y el posible efecto sobre ella. Sin embargo, no se puede afirmar con rotundidad que el vino mejore la salud de todo el que lo bebe; más bien cabe pensar en un efecto muy individuo-dependiente en el que, dependiendo de otros muchos factores, el vino podría tener un papel beneficioso para la salud a través del efecto de los polifenoles que contiene y, posiblemente, lo haría en combinación con otros compuestos de idéntica naturaleza contenidos en otros alimentos. Aun así, a pesar de la fiebre por lo saludable en la que estamos inmersos, ha de considerarse como un producto que se toma por placer, no para satisfacer necesidades nutricionales ni para promocionar la salud. Y como tal se ha de disfrutar, sin abusar.

Cerveza y salud

El caso de la cerveza es muy parecido al del vino. Desde hace tiempo, el mundo de la cerveza ha intentado beneficiarse de esa imagen saludable que se intenta imprimir. De hecho, en España también existe una organización, el Centro de Información Cerveza y Salud, dedicada a difundir los beneficios del consumo moderado de cerveza. La ventaja que tiene la cerveza frente al vino es su menor contenido alcohólico, pues contiene aproximadamente un tercio del total presente en el vino. Pero existe una ventaja adicional: la cerveza dispone de un producto casi sin alcohol y con un nivel de aceptación dentro de los consumidores bastante alto.

Dentro de su composición química, además de alcohol, la cerveza contiene también algunas vitaminas, minerales y compuestos fenólicos, que son en los que se centran los estudios que tratan de asociar el consumo de cerveza con un efecto saludable y beneficioso en el organismo, sobre todo si se consume cerveza sin alcohol. El ácido fólico es otro de esos componentes que tanto se mencionan. Tanto es así que hasta se recomienda el consumo de cerveza sin alcohol a embarazadas que necesiten un aporte extra de esta vitamina. Pues bien, la cantidad diaria recomendada para una persona sana no embarazada es de 200 µg, mientras que la cerveza contiene unos

30 μg/L. Por tanto, una caña de 200 ml aportará unos ínfimos 6 μg de ácido fólico, solo un 3% del total necesario al día.

De manera similar a como ocurre para el vino, los compuestos potencialmente beneficiosos son los mismos que se encuentran dentro de una buena dieta equilibrada, por lo que es difícilmente justificable la recomendación expresa de su consumo. Otra cosa distinta es el hecho de que consideremos también la cerveza como un producto que se consume por placer. Pero no se puede solo desgranar la composición química de la cerveza y esperar que cada una de las sustancias presentes ejerzan un efecto positivo en el organismo.

Existe un titular frecuente que dice que la cerveza es buena para rehidratarse después de hacer deporte. Según los defensores de esta teoría, los componentes en la cerveza podrían ayudar a recuperar daños musculares tras el ejercicio, incluyendo los hidratos de carbono presentes derivados de la cebada, así como los antioxidantes que ayudarían a paliar el estrés oxidativo generado. Lo que no dicen es que uno de los efectos del alcohol es que causa la deshidratación, por lo que, por definición, la cerveza no puede ser buena para hidratarse. Pero es que, además, la cerveza contiene algunos componentes provenientes del lúpulo con el que se elabora que proporcionan un efecto diurético y que contribuye igualmente a acelerar la deshidratación. Así que si lo que se buscan son antioxidantes o minerales, ¿por qué no hidratarse con agua y comer algo de fruta? De esa manera ingeriríamos más antioxidantes que los incluidos en una cerveza y más hidratos de carbono.

CAPÍTULO 11

Prebióticos, probióticos y psicobióticos

Últimamente, se está haciendo un uso cada vez más extendido del término probiótico, fundamentalmente a través de la distribución en farmacias de productos que responden a esta denominación y que se suelen prescribir o recomendar tras procesos diarreicos. Sin embargo, pese a todo, hay una gran incertidumbre en la sociedad sobre su naturaleza, así como sobre su funcionamiento e, incluso, sobre su efectividad.

Nuestros huéspedes

Nuestro organismo está plagado de diferentes tipos de bacterias que viven dentro de nosotros en simbiosis, de modo que tanto estas bacterias como la persona que las porta sacan beneficio. Estos microorganismos, muy abundantes en el intestino, son por lo general inocuos, aunque en determinados momentos pueden aflorar especies dañinas, patógenos, que pueden provocar diferentes trastornos y enfermedades. Tal es la cantidad de microbios en el intestino que, considerando que cada bacteria es una célula, se calcula que el número de bacterias que se encuentran en él es 10 veces superior a la suma de todas las células propias del organismo. Tanto es así que cerca del 50% del peso seco de las heces correspondería a microorganismos que se expulsan con ellas. Su existencia en el intestino se conoce desde hace no menos de 150 años, cuando se observaron por primera vez a través de un microscopio. No obstante, durante muchos años, su presencia ha pasado en cierto modo desapercibida, a menos que se generara algún proceso infeccioso relacionado con ella. Hoy en día se reconoce el papel crucial en el mantenimiento de la salud de la microbiota intestinal, tradicionalmente denominada flora intestinal. En este sentido, existen varios macroproyectos de investigación a nivel internacional que persiguen la caracterización completa de esta microbiota, como es el caso del Proyecto Microbioma Humano (Human Microbiome Project)[10].

Cabe destacar que la composición precisa de microorganismos presentes en cada persona es muy variable. Aunque hay algunos grupos y especies de bacterias que son más o menos comunes a todos, existen otros muchos que pueden ser específicos de cada persona o grupo poblacional. Del mismo modo, la cantidad y el equilibrio en el que se encuentren, es decir, qué especies sean predominantes en ella, puede variar muchísimo. Pese a que es difícil precisar, se puede hablar de unas 1.500 especies diferentes de bacterias viviendo en una persona, si bien solo algunas decenas serán predominantes. La composición de esta microbiota comienza a definirse en el mismo momento del nacimiento. Los bebés, al nacer, presentan un intestino libre de microorganismos que rápidamente empieza a ser poblado tras dar a luz. De hecho, se sabe que la forma en la que se produzca el nacimiento, es decir, parto vaginal o parto por cesárea, es un primer determinante de la microbiota que comenzará a colonizar. Tras nacer, el bebé adquirirá un principio de microbiota relacionada con la flora vaginal de la madre y, posteriormente, la lactancia materna ayudará a la colonización de bacterias que se encuentran

10. Véase https://hmpdacc.org/.

en la piel y en la leche de la madre. Por su parte, los recién nacidos por cesárea adquieren una menor cantidad de microorganismos en el momento del nacimiento, mientras que los alimentados con leche de fórmula suelen tener una variedad mayor en cuanto al número de especies. En cualquiera de los dos casos, la microbiota presente se irá modificando a lo largo de los primeros meses de vida con la introducción de nuevos alimentos. Se calcula que no es hasta los dos o tres años cuando la microbiota se hace más estable. En la edad adulta, su composición dependerá en gran medida de la dieta, así como de otros hábitos de vida, como el deporte o el estrés, pero también viene influenciada por factores genéticos y, por supuesto, por la aparición de enfermedades intestinales, así como sus tratamientos con antibióticos, que pueden producir cambios en el ecosistema intestinal.

Bacterias beneficiosas

Dentro de la población de bacterias que se puede encontrar en el intestino se puede hacer una distinción burda, dividiéndolas en bacterias beneficiosas para la salud, bacterias dañinas o patógenos y bacterias neutras o de las cuales no se conoce una función o actividad específica. Con el incremento del conocimiento de la composición e influencia para la salud de la microbiota intestinal se han podido ir descubriendo diferentes grupos de bacterias entre las que presentan acciones beneficiosas para el organismo. De hecho, las bacterias que tenemos en el intestino están constantemente interaccionando con el organismo, de forma que llevan a cabo procesos digestivos que no serían posibles si no estuvieran allí. Por ejemplo, son capaces de degradar y digerir grandes hidratos de carbono que nuestro cuerpo no está preparado para hacerlo por sí mismo. Sin embargo, una vez digeridos por parte de las bacterias intestinales, sus componentes sí son absorbidos por el organismo y, por lo tanto, utilizados. Esta es la manera más sencilla de ver cómo nos beneficiamos por la presencia de microorganismos en el tracto gastrointestinal. También podemos encontrar algún efecto negativo; por ejemplo, en el caso de las personas intolerantes a la lactosa de la leche y los productos lácteos, este azúcar llega al intestino grueso intacto. Allí, sin embargo, la lactosa sí que puede ser aprovechada por algunas de las bacterias presentes, que son capaces de utilizarla, fermentarla y, por el camino, producir gases, que es precisamente uno de los síntomas relacionados con esta intolerancia.

De las mencionadas acciones beneficiosas se ha derivado el término probiótico. Este término se refiere, según la FAO y la OMS, a microorganismos vivos que, cuando son administrados en una cantidad adecuada, son capaces de ejercer algún beneficio para la salud en el organismo huésped (Rigobelo, 2012). Por tanto, cuando nos referimos a probióticos, nos estamos refiriendo a seres vivos, principalmente bacterias. Este es un matiz muy importante, puesto que el hecho de que esos organismos sean capaces de llegar al intestino en su forma activa (tras sobrevivir a los ácidos del estómago y a las sales biliares en el intestino delgado) es lo que los hace diferentes, dado que, para ejercer esa posible actividad positiva sobre la salud, deben poder colonizar el intestino y crecer.

Desde un punto de vista práctico, esta característica implica que un probiótico deba ser consumido de forma regular durante un periodo de tiempo relativamente largo, de forma que pueda proporcionar un número de bacterias suficiente para crecer en el intestino y formar una comunidad fuerte que destaque sobre otras ya presentes. A causa del gran número de bacterias presentes y de la densidad de población en la que se encuentran, una sola administración no será nunca suficiente para ejercer ningún cambio.

Aunque los probióticos incluyen organismos de muy diversos géneros, los mayoritarios son los lactobacilos y las bifidobacterias. En general, los probióticos ayudan a la digestión y absorción de nutrientes, tienen una función relacionada con el sistema inmunitario y protegen el intestino de infecciones. Actualmente, se están investigando otras funciones (figura 2), aunque aún está lejos la comprensión completa de cómo las bacterias presentes en el intestino pueden ejercer algunas de estas funciones. Lo que sí está claro, por ejemplo, es que los probióticos protegen frente a las infecciones por patógenos y, por lo tanto, permiten prevenir procesos de diarrea asociados a estas infecciones. Las maneras por las cuales ejercen este efecto protector incluyen competir por los nutrientes disponibles con los patógenos, así como formar una barrera física en las paredes del intestino que impide que las especies perjudiciales puedan crecer por ausencia de espacio. Algunas especies son también capaces de segregar sustancias denominadas bacteriocinas, que son tóxicas para otras especies, incluyendo a las patógenas y, además, producen compuestos que no tienen ese carácter tóxico, pero que promueven aún más el crecimiento de cepas probióticas.

Alimentos probióticos

Dentro de nuestra alimentación existen diferentes alimentos que aportan microorganismos que entran dentro de la categoría de probióticos. Los más característicos y con un consumo más extendido son productos lácteos y, en particular, el yogur. Este no es más que leche fermentada por dos especies concretas de bacterias, *Streptococcus thermophilus* y *Lactobacillus bulgaricus*. Estas bacterias deben encontrarse vivas dentro del yogur en una determinada cantidad para que pueda ser considerado como tal, razón por la cual los yogures deben mantenerse refrigerados. Dado que ambas especies son consideradas probióticas, el propio yogur es un alimento probiótico. Adicionalmente, existen otra serie de productos que contienen otras cepas o especies de probióticos y que son similares a yogures. En estos casos, si no han sido fermentados con las dos especies anteriormente mencionadas, se etiquetan como leches fermentadas y no como yogures, aunque el resultado sea aparentemente similar. En cualquier caso, se trata de productos probióticos si se asegura un aporte suficiente de microorganismos vivos. Algunos de estos productos son un caso especial en lo que al *marketing* alimentario se refiere.

Ya se ha comentado que la EFSA es el organismo europeo encargado de autorizar las alegaciones o menciones que pueden contener los alimentos en relación a la salud. Estas menciones son aprobadas tras una evaluación puramente científica en la que se decide si existe o no una evidencia científica suficientemente plausible que sustente esas afirmaciones. Hasta ahora, todas las solicitudes relacionadas con la bacteria *Lactobacillus casei* no se han autorizado puesto que no se han encontrado evidencias inequívocas suficientes sobre sus posibles acciones positivas. Sin embargo, la vitamina B6 sí tiene algunas alegaciones reconocidas incluyendo una acción positiva sobre el sistema inmune y la reducción del cansancio. De esta forma, en la etiqueta de algunos alimentos vendidos como probióticos se puede encontrar una mención que especifica que el producto "contiene *L. casei* y vitamina B6, que ayuda a las defensas y reduce el cansancio". Lo que el consumidor ignora de esta media verdad es que es la vitamina B6 la que ejerce esos efectos, no la bacteria como la publicidad sugiere.

Otros ejemplos de productos lácteos probióticos son algunos quesos, que generalmente tienen en su composición especies probióticas añadidas tras su fermentación. También existen otros alimentos fermentados típicos de nuestra cultura mediterránea que pueden ser considerados probióticos si se cumplen las características establecidas, como son las aceitunas. Algunos de los tipos de elaboración de las aceitunas de mesa implican la presencia en el producto final de bacterias probióticas; el problema que pueden presentar es que no se encuentren en suficiente cantidad y, por lo tanto, no se puedan considerar probióticos como tal, o que la cantidad de aceitunas a consumir para obtener un efecto sea desmesurada. Entre los alimentos algo más alejados de nuestra cultura, pero que también se consideran probióticos, se encuentran el chucrut, como se denomina a la col fermentada, y el kéfir. Este último es otro tipo de leche fermentada típica de países caucásicos y que tiene en su composición una población microbiana muy compleja, formada tanto por bacterias como por levaduras de diferentes especies.

De manera general, es importante prestar atención a cuánto se consume. Es decir, estos alimentos deben aportar una cantidad suficiente de microorganismos probióticos vivos en una ración. De igual modo, no puede ser considerado un probiótico un alimento fermentado por bacterias probióticas que posteriormente es pasteurizado como, por ejemplo, un yogur, puesto que no habrá en él organismos vivos.

El consumo de probióticos puede ser una herramienta eficaz para la prevención de ciertas dolencias, como las diarreas asociadas a patógenos y, además, parecen favorecer una correcta respuesta del sistema inmunitario y mejorar estados de intolerancia a determinados componentes de la dieta, como la lactosa.

Favorecer los microbios beneficiosos

Aunque este consumo de probióticos tenga una base científica para ser considerado beneficioso para la salud, no es el consumo en sí lo que ejerce estos efectos, sino las bacterias que habitan en nuestro tracto gastrointestinal. Por esta razón, otra manera de conseguir estos efectos es a través de alimentos que promocionen el crecimiento de los microorganismos probióticos por encima del resto. Esta es la función principal de los denominados prebióticos (Gibson, 2008). Pese a las diferentes definiciones de una sustancia prebiótica, todas ellas deben cumplir una serie de requisitos: que no se absorba o digiera durante el proceso de digestión, de forma que pueda alcanzar el intestino grueso intacta; que pueda ser fermentada selectivamente por las bacterias consideradas beneficiosas, y que promueva, por ello, efectos beneficiosos sobre la salud. El hecho de que solo fomenten el crecimiento de las bacterias beneficiosas es lo más importante, ya que existen otros componentes alimentarios que llegan intactos al colon pero que son digeridos por los microorganismos instalados allí de manera indiscriminada. Las sustancias alimentarias que cumplen con estos requisitos son carbohidratos no digeribles. Entre ellos se han encontrado evidencias científicas que demuestran que los fructooligosacáridos (FOS) y los galactooligosacáridos (GOS) son capaces de ejercer estas funciones y, por lo tanto, son considerados como prebióticos. En general, se trata de cadenas relativamente cortas de hidratos de carbono que los seres humanos no somos capaces de digerir. Siguiendo con estas características, se están investigando otros hidratos de carbono vegetales, así como otros provenientes de algas, porque presentan potencial para ser prebióticos, pero de momento faltan datos que lo indiquen inequívocamente.

Un punto muy importante, y algo limitante en la actualidad, es la dificultad de establecer qué dosis de prebiótico es necesaria para que promueva sus efectos beneficiosos. Esta es una de las ideas principales por las cuales se rige la EFSA a la hora de autorizar alegaciones para la salud, puesto que si se autorizara un alimento como promotor de bacterias probióticas, cosa que ahora mismo no existe ni tan siquiera para los GOS y los FOS (cuya evidencia es más fuerte), debería indicarse la cantidad con la cual ejerce dicho efecto. Por ejemplo, se ha estimado que una persona sana podría consumir 10 g/día de GOS y obtendría un efecto beneficioso a través del crecimiento selectivo de los probióticos habitando su intestino. Sin embargo, una dosis superior, de unos 20 g/día, podría producir episodios de diarrea, por lo que cualquier beneficio quedaría totalmente anulado. Así pues, este es un campo donde aún se debe seguir investigando con el objetivo de poder ofrecer evidencias sólidas que demuestren que estos compuestos funcionan, y cómo lo hacen.

Por otro lado, se pueden encontrar alimentos que tienen en su composición sustancias prebióticas añadidas externamente, por ejemplo, fórmulas de leches infantiles, y otros alimentos que pueden tener una cantidad variable de prebióticos de manera natural. Entre las fuentes naturales de estos compuestos se encuentran las alcachofas, que pueden llegar a tener un 10% de inulina, carbohidrato del que derivan los FOS. También son buenas fuentes de inulina la raíz de achicoria, aunque su uso como alimento es muy limitado, el ajo y el puerro. Por su parte, se pueden encontrar GOS en la leche y en algunas legumbres.

La microbiota y la salud

Como ya se ha señalado anteriormente, se están llevando a cabo numerosas investigaciones que determinan relaciones entre la microbiota intestinal existente en una persona y su salud, sobre todo en lo que tiene que ver con enfermedades vinculadas al aparato digestivo. Por ejemplo, una buena base científica demuestra los beneficios de los organismos probióticos dentro de la microbiota intestinal en múltiples patologías: infecciones por patógenos y sus consecuentes episodios de diarrea, diarreas asociadas a tratamientos con antibióticos, enfermedades inflamatorias intestinales o intolerancia a la lactosa, así como la capacidad de estos microorganismos de producir vitaminas.

Además, ciertos indicios parecen indicar la existencia de una implicación entre un desequilibrio en la composición de la microbiota y la aparición de enfermedades de complejo desarrollo y evolución, como la obesidad, la diabetes tipo 2, el cáncer e incluso la depresión (figura 2). Por ejemplo, está empezando a destacar el papel de la microbiota intestinal en el desarrollo, o al menos progresión, de la obesidad, puesto que los desequilibrios en la microbiota de individuos obesos podrían activar mecanismos de utilización de energía y favorecer procesos inflamatorios dentro de las células intestinales, así como la lipogénesis (síntesis de ácidos grasos por el organismo) y acumulación de grasa e, incluso, favorecer una progresiva resistencia a insulina que podría desencadenar en la aparición de diabetes tipo 2. Muchos de estos resultados aún no han podido confirmarse en seres humanos, pero sí que se están aumentando los datos científicos que señalan en esta dirección. Igualmente, se han observado algunas especies de microorganismos que pueden beneficiar la aparición y expansión de cáncer de colon a partir de complejos mecanismos de funcionamiento, por lo que un desequilibrio en la composición de la microbiota intestinal podría tener una importante influencia en estas enfermedades. Pero, además, se está comenzando a evaluar el posible papel de la microbiota para amplificar los efectos de los fármacos utilizados en tratamientos frente al cáncer, a la vez que puede ayudar a disminuir los efectos secundarios relacionados con su toxicidad. Por tanto, se abren nuevas vías de investigación, no solo para confirmar estos hallazgos, sino para determinar cuáles serían los mejores microorganismos que deberíamos tener en nuestro tracto gastrointestinal para rentabilizar las terapias contra el cáncer.

Figura 2

Principales relaciones entre la microbiota y la salud.

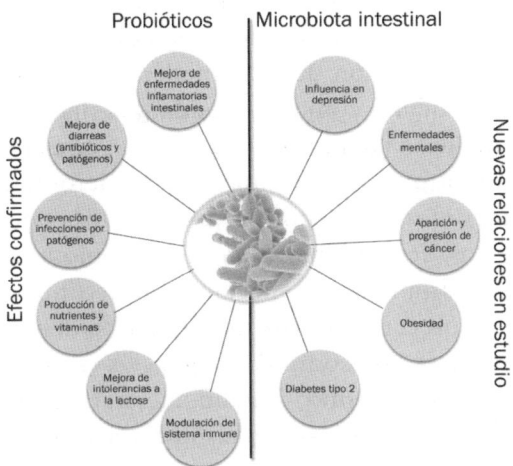

Probióticos | Microbiota intestinal

Efectos confirmados

Nuevas relaciones en estudio

Mejora de enfermedades inflamatorias intestinales

Influencia en depresión

Mejora de diarreas (antibióticos y patógenos)

Enfermedades mentales

Prevención de infecciones por patógenos

Aparición y progresión de cáncer

Producción de nutrientes y vitaminas

Obesidad

Mejora de intolerancias a la lactosa

Diabetes tipo 2

Modulación del sistema inmune

Fuente: Elaboración propia.

En cuanto a la depresión y otros trastornos mentales relacionados con ella, se está observando una desproporción entre las diferentes especies microbianas que pueblan nuestro intestino que podría tener una función importante en el sistema nervioso central y afectar a la generación de neurotransmisores. Tradicionalmente se ha sabido que ciertas infecciones podrían tener efectos a nivel psiquiátrico como, por ejemplo, las que se daban en pacientes crónicos de sífilis. De esta manera, es posible imaginar que otros microorganismos no patógenos puedan interactuar con el organismo de forma que promuevan efectos positivos también a nivel mental. Y en relación con este punto es donde se ha establecido la definición de psicobióticos como organismos vivos que, cuando son ingeridos en cantidades suficientes, pueden producir un beneficio para la salud en pacientes que sufren trastornos mentales. Aunque aún queda mucho camino por recorrer para tener una idea completa de cómo estas relaciones pueden tener lugar, con suficiente evidencia científica, el mantenimiento de una buena microbiota, a través de hábitos de vida adecuados, así como de la ingesta de probióticos y prebióticos, podría ser positiva para revertir los efectos de esta enfermedad.

La pregunta evidente es: ¿cómo puedo modular mi microbiota intestinal para que favorezca mi salud? La respuesta todavía no es rotunda, puesto que, junto con las investigaciones que intentan desvelar la influencia de la microbiota en la salud, se están llevando a cabo otras que tratan de encontrar mecanismos efectivos para modular la composición de la microbiota existente en una determinada dirección, de forma que se obtenga una composición que favorezca la salud. Entre estas alternativas se ha propuesto la más sencilla, basada en el uso de una dieta que incluya alimentos específicos, con características probióticas y prebióticas, de forma que se promueva el crecimiento de los organismos beneficiosos; pero también se han explorado otras alternativas, como el uso de antibióticos e incluso trasplantes de microbiota fecal. Sin embargo, son tantos los factores interrelacionados que influyen en la composición de la microbiota de una persona, incluyendo factores genéticos, medioambientales, la edad y el género, la dieta y los hábitos de vida, que aún no se han podido encontrar mecanismos universales para lograr esta modulación.

CAPÍTULO 12

Mi alimento del futuro

Cada cierto tiempo surgen noticias o informaciones relacionadas con cómo será nuestra alimentación en un futuro más o menos lejano. Una de las perspectivas desde las que se imagina esta situación es a través de los avances que se están dando en las ciencias de la alimentación. Por otra parte, se puede ofrecer otra perspectiva, igualmente interesante, desde un modelo de alimentación que puede ser o no viable en el futuro, es decir, de qué nos alimentaremos. En este sentido, no se trata de hablar de ciencia ficción ni de imaginar si las formas de alimentación que se ven en las películas futuristas verán la luz finalmente. Se trata, más bien, de analizar las necesidades que se van a presentar en un futuro más o menos cercano, así como los recursos de los que se disponen para cubrirlas.

Cualquier tipo de discusión relacionada con este tema no puede dejar de lado el hecho de que la humanidad se dirige inexorablemente hacia la superpoblación. Se calcula que en el año 2050 habrá en la Tierra unos 9000 millones de personas, el 80% de ellas viviendo en grandes ciudades. El incremento en la población mundial es sumamente llamativo; basta con recordar que a principios del siglo XX habría algo más de 1500 millones de personas. Por tanto, en tan solo 150 años esa cifra se habrá multiplicado por 6. Este dramático aumento conlleva una serie de consecuencias, dadas las necesidades de esta población. Simultáneamente, se ha llevado al planeta al límite en términos de recursos utilizados: agua potable, aire no contaminado, energía limpia y, por supuesto, alimentos. El uso de técnicas agrarias y ganaderas que, tal y como están concebidas hoy en día, perjudican el medioambiente, unido a este aumento de población, hacen necesaria la puesta en práctica de nuevas medidas que preserven el planeta, entre las cuales destaca la búsqueda de nuevas fuentes alimenticias todavía no explotadas.

Reconvertir alimentos

Entre las nuevas fuentes alimenticias se buscan fundamentalmente proteínas, consideradas el nutriente principal o más limitante. Se pretende reducir la dependencia de la carne en la alimentación, habida cuenta de que su producción es muy ineficiente en términos de recursos consumidos. En este sentido, existen diversas fuentes de proteína que ya se utilizan como alimento de forma más o menos minoritaria y que podrían suponer un nuevo empuje en el futuro, en cuanto a la cantidad de alimento disponible. La principal y más nombrada son los insectos. Incluso la FAO ha destacado en múltiples ocasiones el papel que pueden jugar estos animales en la alimentación mundial futura. Y es que, aunque no parezca una perspectiva muy apetecible, el alto contenido proteico de estos organismos sería de gran ayuda para paliar los problemas a los que se enfrenta la humanidad. Además, esta proteína se puede producir utilizando residuos biológicos, compost e incluso purines, por lo que resulta más respetuosa para el medioambiente que la carne. A esto se suma que la cría de insectos puede ser utilizada de igual manera para la elaboración de piensos y alimentos para animales, lo que liberaría de ello a cultivos que pueden ser redirigidos a la alimentación humana. También supone una ventaja su poca necesidad de espacio, comparada con la cría de animales de mayor tamaño, por lo que sería mucho más fácil producir grandes cantidades de alimento.

Aunque en Occidente la ingesta de insectos nos genere rechazo, su uso en alimentación no es inusual en términos globales. Aproximadamente un cuarto de la población mundial, mayoritariamente en Latinoamérica, ya se alimenta de insectos de forma regular.

Otra de esas fuentes proteicas hasta cierto punto desaprovechada, y que también se menciona como posible alimento del futuro, son las algas (Herrero e Ibáñez, 2017). Aunque en Asia se utilizan directamente como alimento, en el resto del mundo su uso principal es como medio para la producción de ingredientes en restauración y en la industria alimentaria, como el carragenano, el agar o los alginatos. Sin embargo, hay muchas especies de algas que son muy ricas en proteínas, como las microalgas. Estas son microscópicas y se pueden cultivar en plantas de producción que no tienen que estar necesariamente cerca de fuentes de agua salada, por lo que su producción no queda limitada a zonas costeras. Algunas especies ya se cultivan para producir alimentos para peces, por ejemplo, o para la generación de energía, pero de toda la producción tan solo una parte muy pequeña se dirige a la alimentación humana, habitualmente en cantidades muy pequeñas en la alta cocina, como meros transmisores de ciertas propiedades sensoriales. Se podría aprovechar como nueva fuente de proteínas incorporando grandes cantidades del producto en la dieta diaria y potenciando su valor nutritivo y sensorial (pues el sabor no es su punto fuerte).

Estos microorganismos se caracterizan por poder producir determinadas sustancias dependiendo de las condiciones de cultivo, por lo que, modificando de manera dirigida las condiciones en las que crecen, podría potenciarse la producción de algunos compuestos orgánicos interesantes dentro de su composición, por ejemplo, antioxidantes o ácidos grasos omega-3. Por su parte, las grandes algas son más frecuentes en alimentación, aunque su consumo tampoco es equiparable al de los vegetales. En cuanto a su composición, ambos grupos destacan por poseer una buena base nutricional, pues cuentan con altas cantidades de proteína y bajas proporciones de grasas que, además, suelen ser insaturadas y, por lo tanto, son saludables. Sin embargo, algunas especies tienen un alto contenido en yodo que puede ser perjudicial para la salud, mientras que otras pueden haber acumulado durante su crecimiento cantidades apreciables de metales pesados, como ocurre en algunos peces. De hecho, incluso se ha destacado que las poblaciones orientales pueden tener una predisposición (a través de su microbiota intestinal muy probablemente) para poder asimilar mejor ese exceso de yodo en comparación con poblaciones occidentales donde el consumo de algas ha sido tradicionalmente marginal. Aun así, estas desventajas pueden superarse al cultivar las especies apropiadas.

Otra posibilidad que ya se ha comenzado a explorar se basa en mantener la fuente proteínica principal ya utilizada en la actualidad, la carne, pero intentar obtenerla a partir de cultivos de tejidos celulares y no directamente de animales. Ya se han presentado resultados acerca de la producción de carne en laboratorio, partiendo de células madre que se convierten en células musculares idénticas a las que posee la carne, que crecen en condiciones adecuadas. Aún está lejos su aplicación de forma masiva, puesto que las características que posee esta carne cultivada no son iguales que las de la carne a la que pretende sustituir. Tan solo se componen de músculo y no contienen nada de grasa ni de los otros componentes que están entremezclados con la masa muscular en los animales. Esto provoca que sus características sensoriales se alejen de las actuales, y su falta de jugosidad y sus sabores diferentes no las hagan muy apetecibles. No obstante, en los próximos años pueden producirse avances que conduzcan a incrementar el conocimiento de cómo generar carne apetecible de forma económica y energéticamente más eficiente que a través de la cría de animales. De hecho, ya se comercializan en algunos lugares (en Europa aún no) varios productos en forma de hamburguesa basados en carne cultivada.

Mantener el modelo

Al margen de la búsqueda de nuevas fuentes de proteínas, existe la alternativa de mantener el modelo actual de alimentación, pero renovando la gestión de los recursos de la agricultura y la ganadería. La agricultura, por una parte, necesita grandes superficies de suelo para cultivar alimentos, que muchas veces proceden de la deforestación de bosques, fenómeno que disminuye seriamente la biodiversidad disponible. Pero, además, durante el cultivo de alimentos se utilizan fertilizantes o estiércoles que dañan y contaminan ríos y otros ecosistemas por todo el mundo. A la vez, es necesario dedicar grandes volúmenes de agua dulce para regar los cultivos. Si a esto le sumamos los efectos que pueden derivar del cambio climático, el problema puede ser incluso mayor, dado que el aumento de las temperaturas implicará la desertificación de nuevas zonas, haciéndolas no cultivables y provocando problemas de abastecimiento de agua.

Por otra parte, si se analiza la producción agraria en términos de calorías producidas (que podrían alimentar personas), se calcula que tan solo el 55% de ellas se dedica a comida, mientras que el 35% se dirige a la alimentación de ganado y el 10% restante a la producción de biocombustibles. Además, de cada caloría que se destina a la producción de ganado, solo el 40% se recupera en forma de leche y menos del 10% del total en forma de carne. Esto da idea de los puntos débiles de la cadena productiva alimentaria, que podrían mejorarse con el objetivo de que un mayor porcentaje de las calorías producidas se transformaran efectivamente en comida. Por ello es necesario aumentar la investigación dirigida a la mejora de los sistemas productivos agrarios, de forma que puedan hacerse más eficientes. Más aún si se tiene en cuenta, como se mencionaba anteriormente, que el cambio climático y el calentamiento global pueden empeorar la situación en muchos lugares. Algunas nuevas tecnologías ya se están explorando, como la producción agraria vertical, sobre todo en ciudades. Se trata, básicamente, de desarrollar sistemas en los que pueda haber múltiples niveles apilados, en cada uno de los cuales puedan estar creciendo diferentes vegetales, y que puedan instalarse lejos de los campos de cultivo tradicionales, utilizando mucha menos superficie. Mejoras tecnológicas en este sentido pueden facilitar la creación de nuevos lugares de cultivo, no dependientes de tierra arable al utilizar cultivos hidropónicos, de forma que se puedan aliviar algunas necesidades. También se pueden aplicar mejoras que permitan producir alimentos de forma más respetuosa, gastando menos energía y recursos y produciendo menos residuos. Un ejemplo de nuevas aproximaciones se ha dado estudiando la posibilidad de modificar la temperatura del suelo de cultivo en invernaderos a mayor profundidad que las raíces, mediante sistemas especialmente diseñados para tal fin, viéndose que puede ser más efectivo que calentar el aire dentro de los invernaderos, tanto desde el punto de vista de gasto energético como desde el punto de vista productivo.

También pueden llegar mejoras procedentes de la investigación con el perfeccionamiento de los cultivos, por ejemplo, a través del empleo de técnicas de edición genética. Estas permitirían potencialmente variar la información genética de los cultivos sin incluir genes externos, a diferencia de la generación de organismos transgénicos, introduciendo mejoras en los mismos, como mayor resistencia a sequías o mejoras del perfil nutricional. No obstante, es necesario disponer de un amplio conocimiento de los genes presentes en una determinada especie y de su funcionamiento para poder hacer estos cambios. Y esto, con la tecnología disponible actualmente, es más que factible. Lo que hay que ver también es si los organismos reguladores y la sociedad están dispuestos a aceptar comida modificada genéticamente, aunque no se considere transgénica.

También pueden darse mejoras ganaderas, de forma que se puedan aprovechar subproductos para otros fines, reduciendo el impacto medioambiental, si bien en este campo es difícil producir ganancias extensivas en productividad. Sin embargo, sí que pueden darse nuevas formas de cría de animales, por ejemplo mediante el desarrollo de granjas marinas. Estas, a diferencias de las piscifactorías tradicionales, utilizarían zonas marinas acotadas para la producción pesquera de forma que se evitara el agotamiento de los recursos pesqueros disponibles.

En todo caso, cualquier avance que quiera triunfar e implantarse en el futuro también ha de tener en cuenta el medioambiente, de forma que se limite la huella ecológica de la agricultura y de la ganadería. Sin embargo, parece pronto para saber con certeza hacia dónde se dirige nuestra alimentación, si a los insectos, algas y carne cultivada, a mantenerse prácticamente igual o hacia una mezcla de ambos modelos. Lo que sí podemos empezar a hacer desde ya es intentar reducir el derroche de alimentos que se produce a nuestro alrededor.

CAPÍTULO 13

Nutrición personalizada y genética

Cuando se habla de nutrición personalizada, muchas veces se relaciona esta expresión con la alimentación del futuro, pero, en realidad, se trata de la nutrición del futuro la que proporcionará la llave de cómo nos alimentaremos dentro de un tiempo. La herramienta que debe permitir alcanzar la nutrición personalizada es la genómica nutricional, que viene a representar el cambio progresivo en el concepto de nutrición. Mientras que tradicionalmente la nutrición buscaba paliar determinadas deficiencias nutricionales y, con ello, evitar la aparición de enfermedades relacionadas con ellas, este objetivo ha sido completamente superado. Actualmente no se trata solo de impedir enfermedades por malnutrición, sino de utilizar la alimentación como una herramienta para mejorar nuestra salud general y prevenir la aparición de enfermedades crónicas. Una proporción muy elevada de las muertes que se producen anualmente en países desarrollados, alrededor del 60%, tienen una relación directa con la alimentación. Por ello es crucial conocer cómo actuar desde el punto de vista alimentario para reducir esta incidencia.

Nutrición de precisión

Con este fin, la genómica nutricional cuenta con dos ramas: la nutrigenómica, que estudia cómo los nutrientes que ingerimos pueden afectar a los genes presentes en nuestro organismo, y la nutrigenética, que trata de cómo nuestra información genética influye en el metabolismo de los nutrientes que consumimos. Por una parte, la nutrigenética puede dar respuestas, por ejemplo, a situaciones en las que dos personas comen de forma idéntica y, sin embargo, a una le suben los niveles de colesterol y a la otra no. Por lo tanto, puede dar la clave para la dieta personalizada de acuerdo con las necesidades del organismo. Por otra parte, la nutrigenómica puede ayudar a encontrar relaciones entre componentes de los alimentos y genes, de forma que se descubran nuevas vías para prevenir posibles enfermedades.

La aplicación de la genómica nutricional y estas dos ramas de estudio intentan sacar ventajas de la era posgenómica, caracterizada por la aparición de diferentes tecnologías que permiten secuenciar un genoma de forma sumamente veloz y eficaz. A nadie se le escapa la evolución tecnológica que hemos vivido desde 2003 respecto a los teléfonos móviles que existían entonces y los que hoy manejamos, o cómo han cambiado los ordenadores. Sin embargo, hay campos desconocidos en los que estos avances son igual de impresionantes e incluso los superan. Precisamente, en 2003, finalizó el Proyecto Genoma Humano, en el que, tras 13 años de estudio, se pudo finalmente secuenciar el genoma del ser humano, es decir, obtener el mapa genético de ADN letra por letra, por la nada desdeñable cifra de 2000 millones de euros. Solo 15 años después de este hito, en 2018, era posible secuenciar un genoma por menos de mil euros. Dos millones de veces menos, como si un coche de 20 000 euros de la época costara ahora 10 céntimos de euro. Como es posible imaginar, esta evolución abre la puerta a estudios que hace bien poco eran impensables y permiten dar por seguro que, en un espacio de tiempo relativamente corto, esta cifra podrá ser rebajada otras 10 veces, hacia los 100 euros por secuenciación. Por tanto, conocer de forma precisa nuestro genoma estará al alcance de casi cualquiera. Pero tan importante como saber la secuencia de ADN es saber para qué sirve cada gen, cómo funciona, qué relación guarda con el desarrollo de enfermedades y cómo se puede activar y desactivar en su caso, así como su relación con la alimentación. Y aquí es precisamente donde aún queda un grandísimo camino por recorrer, que desembocará presumiblemente en la nutrición personalizada.

Las relaciones entre la alimentación y la genética pueden parecer ciencia ficción. De hecho, que una prueba genética nos diga qué podemos o no podemos comer para mejorar nuestra salud puede resultar algo muy lejano. Sin embargo, desde hace tiempo se vienen dando los primeros pasos en esta dirección, aunque sean en las circunstancias más sencillas. Estas situaciones más simples son aquellas en las que la existencia de un solo gen determina si hay o no una enfermedad.

Un ejemplo de nutrición personalizada totalmente implementada y extendida en nuestra sociedad son las pruebas del talón que se realizan a los recién nacidos. En ellas se estudia la presencia de determinadas enfermedades, como la fenilcetonuria. Esta enfermedad se caracteriza por una alteración congénita que hace que el organismo de la persona que la padece no produzca la proteína necesaria para metabolizar al aminoácido fenilalanina. Como consecuencia, este aminoácido se acumula en el organismo pudiendo ocasionar daños muy graves, incluyendo lesiones cerebrales irreversibles, discapacidad intelectual, hiperactividad, movimientos espasmódicos de brazos y piernas, convulsiones, etc. Gracias a la detección de la enfermedad en estas pruebas es posible establecer un tratamiento que se basa en una dieta especial, en la que se reduce al máximo posible el aporte de este aminoácido. Por lo tanto, las recomendaciones alimentarias basadas en nuestra genética ya están comenzando a implantarse en nuestra sociedad. Sin embargo, la situación se complica mucho más en los casos en los que se trata de enfermedades multigénicas, es decir, en las que se ha de dar una combinación concreta de múltiples genes para que se produzca la enfermedad. En esta categoría podemos incluir al cáncer e incluso a la predisposición a padecer obesidad, diabetes o enfermedades cardiovasculares, entre otras.

Dieta genética

A pesar de los grandes avances que se han ido produciendo en los últimos años, el metabolismo de los nutrientes y su relación recíproca con la genética del individuo es tan tremendamente complejo que aún estamos muy lejos de conocer de manera precisa cómo los componentes de los alimentos pueden influir sobre el funcionamiento de los genes. Esta es una relación multifactorial, ya de por sí complicadísima, pero su estudio se hace todavía más difícil si consideramos las grandes diferencias existentes entre las personas. Por ello, aunque se observe con facilidad cómo personas muy delgadas comen mucho sin engordar, mientras que otras personas que comen comparativamente menos engordan más, no es posible aún establecer los mecanismos por los cuales estas diferencias suceden. Sin embargo, sí se han encontrado indicios según la presencia dominante o no de determinados genes y las posibilidades de desarrollo, o predisposición, frente a algunas enfermedades. Por ejemplo, se dispone de una lista de genes que predisponen a una persona a padecer obesidad. Sin embargo, estas listas son aún muy tentativas, es decir, no se sabe si están completas o quedan más genes por descubrir, y no se han validado de forma completa, lo que implica que en algunas personas estas suposiciones pueden no tener lugar. Aun así, desde hace bastantes años han ido proliferando el número de empresas que permiten, con un sencillo análisis, obtener información genética de una persona y poder ofrecer recomendaciones dietéticas en relación a estos resultados.

Por ejemplo, existen pruebas genéticas mediante análisis de sangre que presumiblemente permiten obtener información genética para dar recomendaciones sobre la ingesta óptima de vitaminas para cada persona. Además, la cantidad diaria de vitaminas que todos debemos consumir está especificada en las etiquetas. Incluso qué vitaminas consumidas en exceso pueden generar también problemas de salud. Por lo tanto, la existencia de estos análisis es totalmente innecesaria y solo responde a fines comerciales. Otros se publicitan como capaces de llevar a cabo un análisis de unos 18-20 genes que están relacionados con el sobrepeso y la obesidad para, en función de los resultados, ofrecer unas recomendaciones dietéticas personalizadas. Los resultados incluyen información acerca de la presencia o no de genes y de la posibilidad de padecer obesidad o diabetes tipo 2, proporcionando un nivel de riesgo en relación con la probabilidad de la población en general. Por supuesto, las recomendaciones dietéticas en caso de padecer alguna predisposición incluirán reducir la cantidad de grasa en la dieta, incrementar el consumo de ácidos grasos omega-3 y de aceite de oliva, así como la necesidad de comer más frutas y verduras y, seguramente, hacer deporte. En definitiva, se tratará de las mismas recomendaciones que un dietista-nutricionista podría aconsejar sin necesidad de llevar a cabo ningún análisis genético. Es más, son recomendaciones que nos vendrían bien a todos y no solo a personas con una predisposición genética.

Además, hay que destacar que los genes que se analizan se han identificado en estudios científicos, pero la relación de estos genes con la obesidad o la diabetes no está sustentada científicamente de forma inequívoca, puesto que muchos de ellos son propuestos tras estudios observacionales incapaces de encontrar relaciones causa-efecto. Por esta razón, el uso de estos servicios puede generar frecuentemente falsas expectativas a la vez que confusión en lo que se debe comer y lo que no. No obstante, sí es cierto que, si se acompañan de unas recomendaciones nutricionales, estos análisis podrían ayudar a una persona a implantar una dieta y unos hábitos de vida saludables de forma permanente. Por cierto, que la presencia de estas combinaciones de genes no marca un destino inevitable para las personas que los poseen. Tan importante como la información genética es el ambiente, que forma todo lo que rodea a nuestra genética, incluyendo nuestro estilo de vida, lo que comemos, el clima, etc. Y todos estos condicionantes marcan de forma determinante si la predisposición genética se cumplirá o si se quedará simplemente en eso, en una predisposición que nunca llegue a manifestarse.

Un prometedor porvenir

Si estos test genéticos, en los que se abusa ampliamente del término "nutrigenética", carecen de base científica para poder utilizarse, menos aún lo son aquellos que supuestamente son capaces de señalar alimentos que individualmente se pueden comer o no. Es decir, manzanas sí pero peras no, porque las peras te engordan más que las manzanas. Todas estas pruebas son totalmente inútiles, pues no existe el conocimiento necesario para poder sacar este tipo de conclusiones. No obstante, esta posibilidad no es descartable en un futuro lejano. De momento, y mientras no se adquiera mucho más conocimiento acerca de las interacciones de los nutrientes y los genes y de cómo estos determinan el uso que el organismo hace de los primeros, habrá que conformarse con ir dando algunos pasos que nos acerquen más a la nutrición *de precisión*. Por ejemplo, una primera aproximación de dietas personalizadas puede ser más factible a medio plazo, dando información generalizada de acuerdo con algunas variables genéticas para poder hacer subgrupos poblacionales que integren a personas con genética y características (edad, sexo, hábitos) más o menos parecidas, a las cuales convendría llevar una dieta u otra.

De forma paralela, los avances en nutrigenómica pueden ofrecer información de qué nutrientes pueden hacer que nuestro organismo funcione mejor en una determinada dirección, previniendo la aparición de algunas enfermedades. En este sentido, se están llevando a cabo multitud de estudios que buscan conocer qué efectos sobre los genes pueden tener algunos compuestos presentes en los alimentos y cómo potenciarlos. Este es un avance lento, por la complejidad que supone, pero que teóricamente podría permitir luchar de manera muy efectiva frente a enfermedades tales como el cáncer, particularmente los cánceres más relacionados con la alimentación, enfermedades cardiovasculares y posiblemente también enfermedades neurodegenerativas. Hay que tener también en cuenta, en este sentido, la influencia que puede tener, prácticamente a nivel personal, la microbiota presente; los microbios del organismo pueden ser determinantes en todos estos aspectos, puesto que ellos son capaces de digerir y excretar sustancias que van a permanecer en contacto con nuestro organismo y nuestras células. Además, hay que tener en cuenta que, de forma global, el número de genes presente en estos microbios es muy superior al que poseen los seres humanos, por lo que las relaciones se hacen, si cabe, más intrincadas.

Por tanto, parece evidente que la nutrición de precisión o nutrición personalizada será una forma eficaz de prevenir la aparición de enfermedades crónicas en el futuro, particularmente aquellas relacionadas con la alimentación; sin embargo, todavía estamos lejos de poder llegar a ella. Serán necesarios nuevos avances en el campo de las ciencias de la alimentación para revelar cómo los componentes de los alimentos pueden ayudar a la prevención de enfermedades actuando sobre nuestros genes, y pasarán sin duda varias generaciones de investigadores para llevarlos a cabo. Pero estos avances tienen que ir de la mano de los que se hagan en otras ramas científicas, como en biomedicina y biología molecular, entre otras. Y, además, se debe dar un entorno legal apropiado, puesto que se hará uso de información muy sensible, nuestra información genética. Por esta razón, en los próximos años se tendrán que definir diferentes aspectos éticos y legales de forma que la aplicación de la nutrición personalizada no suponga riesgos colaterales como consecuencia de descubrir qué dicen nuestros genes de nuestro propio futuro. En cualquier caso, y hasta que llegue el momento en el que el conocimiento científico nos permita saber qué necesita nuestro cuerpo en cada instante para maximizar nuestra salud, lo más recomendable será llevar una dieta equilibrada y variada con un estilo de vida saludable que ayude a mantenernos en las mejores condiciones de salud durante el máximo tiempo posible.

Los mitos que vendrán

A lo largo de estas páginas se han ido analizando diferentes mitos relacionados con la alimentación desde un punto de vista científico. A pesar de lo que la información científica permita deducir, lo cierto es que, con las facilidades actuales en cuanto a medios de comunicación se refiere, estas creencias se expanden muy rápidamente. Aunque no se sabe su procedencia, cada cierto tiempo aparecen cadenas de correos electrónicos, mensajes de Whatsapp, o de cualquier otra red social alertando del riesgo de tal o cual alimento o ingrediente a la vez que advirtiendo del flaco favor que nos estamos haciendo comiéndolo.

Los periódicos, tanto los tradicionales como los digitales, y los medios de comunicación en general, se mueven cada vez más por número de visitas a sus noticias en la red y no tanto por contrastar el rigor de las mismas. Y, claro está, un buen titular llamativo y alarmista, ya sea para contar supuestos beneficios o pretendidos perjuicios, da más visitas que uno sensato y sin un enunciado sensacionalista. Por estas razones, es más que evidente que conforme se vayan superando los mitos del azúcar, del aceite de palma o de los edulcorantes, irán apareciendo otros. Normalmente, tienen relación con investigaciones que se están desarrollando en los últimos años o con temas que pueden pasar de un discreto segundo plano a estar de rabiosa actualidad. En el momento presente se están llevando a cabo algunas investigaciones que guardan relación con la alimentación y que permiten imaginar cuáles podrían ser algunos de los próximos mitos alimentarios.

Acrilamida: un veneno comestible

Uno de ellos será, con toda probabilidad, la acrilamida. Esta sustancia es un compuesto químico que no está presente en gran cantidad en los alimentos de forma natural, pero que puede formarse en ellos durante el cocinado, especialmente a elevadas temperaturas. Se considera que hacen falta unos 120 °C para que se inicie su formación, a la vez que un bajo grado de humedad, por lo que se produce principalmente al freír, al hornear y al asar, así como durante el procesado industrial. Su formación está relacionada con un conjunto de reacciones englobadas dentro del término reacción de Maillard, gracias a las cuales también se produce el pardeamiento de los alimentos. Por ejemplo, estas reacciones son las causantes de que el pan se dore al hornearse y adquiera los sabores y aromas típicos de estos productos.

La acrilamida en concreto se forma a partir de almidón u otros azúcares y de aminoácidos que están presentes en los alimentos de manera natural, así que, aunque se describió su presencia en productos alimenticios tan solo en 2002, es lógico pensar que se ha estado consumiendo desde que el ser humano comenzó a cocinar alimentos.

Teniendo en cuenta estas premisas, se pueden encontrar niveles variables de acrilamida en alimentos tales como patatas fritas, pan, galletas, café o bollos, entre muchos otros. El problema se presenta al observarse repetidamente que, en animales de laboratorio, la acrilamida y los compuestos que se forman en el organismo a partir de ella pueden ser carcinogénicos. Por esta razón, la EFSA llevó a cabo en 2015 una evaluación científica de riesgos recopilando todos los estudios llevados a cabo hasta le fecha (EFSA, 2015) y concluyó que, en función de los estudios llevados a cabo con animales, el consumo de acrilamida podría incrementar el riesgo de padecer cáncer en consumidores de todas las edades. Al estar presente en alimentos de uso diario, los niños y bebés son los más susceptibles al poder consumir una mayor proporción de este compuesto en función de su peso corporal. Aun así, los estudios llevados a cabo con personas no han proporcionado resultados concluyentes, por lo que seguramente aparecerán en el futuro nuevas investigaciones que proporcionen más luz sobre este tema, en particular, sobre si es posible relacionar un consumo alto de acrilamida con una mayor prevalencia de cáncer. Entre tanto, y dado el posible riesgo de esta sustancia, se ha de obrar con precaución, por lo que se ha establecido una dosis de referencia de 0,17 mg/kg de peso corporal/día como base para el cálculo de algunos efectos tóxicos, aunque la EFSA ha hecho hincapié en el serio riesgo para la salud que este compuesto supone. Este nivel implica que otros efectos de la acrilamida, como los neurotóxicos, no se producirán puesto que haría falta mucha más cantidad.

Trasladado a la vida cotidiana, este nivel de preocupación invita a no excederse con el tiempo de cocinado de los alimentos en los que este compuesto puede estar más presente. En concreto, se recomienda no freír en demasía las patatas ni los productos empanados, y dado que se relaciona la cantidad de acrilamida presente con el color más oscuro tras el cocinado, sería bueno no tostar el pan demasiado, es decir, mejor el color dorado que el marrón oscuro. Más aún si se trata de zonas quemadas. Por lo tanto, y hasta que dispongamos de mayor información, mejor no abusar de los productos mencionados muy cocinados. Por su parte, la industria alimentaria tendría que implantar los sistemas de control necesarios para minimizar la aparición de esta sustancia en sus productos procesados. Y es que aunque por su naturaleza este compuesto se haya consumido desde siempre, esto no implica que gracias al aumento de conocimiento científico no intentemos reducir los riesgos que ello puede implicar. Claro está que alguien conocerá a otro alguien que solo se alimentaba de productos muy fritos y tostadas quemadas y murió de viejo, mientras que su vecino solo comía vegetales y falleció de cáncer; por ello, conviene recordar que se trata de minimizar riesgos, pero siempre teniendo en cuenta de que cada persona tendrá un nivel de riesgo específico que vendrá determinado por su genética y sus hábitos de vida.

Glutamato: la droga en la mesa

El *umami* es el quinto sabor, que se suma al dulce, salado, amargo y ácido, y cuya traducción literal del japonés es "sabroso". Este sabor se relaciona principalmente con un compuesto químico, el glutamato, que se encuentra naturalmente presente en muchos alimentos, como los champiñones, la carne, las espinacas o en algunas algas. Sin embargo, también existe la versión de síntesis de este compuesto, que es exactamente similar al natural y que se utiliza en la cocina y en la industria alimentaria como potenciador del sabor. De hecho, el glutamato se puede emplear para sustituir la sal de mesa, que no es más que otro potenciador del sabor. No obstante, el glutamato es un ingrediente alimentario considerado seguro por parte de los organismos reguladores de todo el mundo, sin evidencia de que pueda ser tóxico ni tan siquiera en dosis equivalentes a varios gramos al día. Aun así, tiene una leyenda negra que lo rodea y que puede hacer que vuelva a ser noticia en cualquier momento.

En los años sesenta se señaló que este compuesto podría ser el responsable del síndrome del restaurante chino; es decir, de sufrir dolores de cabeza, mareos o malestar tras haber comido en uno de estos restaurantes. Y esto es así porque este compuesto se suele usar como ingrediente en los platos típicos de dichos restaurantes. A partir de este momento se dispararon las diferentes teorías por las cuales el glutamato podría no solo producir esos síntomas, sino otros mucho peores, incluyendo neurotoxina, ataques epilépticos, problemas cardiacos y, además, ser adictivo. Sin embargo, la realidad es menos alarmante que toda esta corriente. Lógicamente, no se debería abusar de nada, pero dentro de un consumo normal no parece que el glutamato vaya a causar más problemas. Igualmente, tomar productos que lleven glutamato no conduce a una adicción, más allá del hecho de que al estar más sabrosos pueden parecernos más apetecibles y, por tanto, querremos consumirlos más a menudo.

En cualquier caso, dado que la corriente desinformativa estaba creciendo, la Comisión Europea instó a la EFSA a reevaluar toda la información disponible acerca del glutamato con el objeto de confirmar su carencia de toxicidad y su dosis segura. Teniendo en cuenta todos los estudios disponibles, y siguiendo esta orden, la EFSA publicó en 2017 una opinión científica (EFSA, 2017) en la que, considerando que el nivel de toxicidad más bajo observado al cual esta sustancia no ocasiona ningún tipo de trastorno era de 3.200 mg/kg de peso corporal, se aconsejaba limitar el consumo de glutamato en una cantidad 100 veces menos para incrementar aún más los niveles de seguridad, dejando fijado un límite recomendado de 30 mg/kg de peso corporal/día. Es decir, una persona tipo de 70 kg podría consumir 2,1 g de glutamato al día sin notar ningún efecto perjudicial. Por tanto, este es un ejemplo de alerta exagerada que, una vez evaluada científicamente, queda limitada a una llamada de atención. ¿Se empezará a hablar con asiduidad en los medios de comunicación de los niveles de glutamato?

Bibliografía y lecturas recomendadas

ANTONI, R. (2023): "Dietary saturated fat and cholesterol: cracking the myths around eggs and cardiovascular disease", *Journal of Nutritional Science*, 12, e97.

APAOLAZA, V. *et al.* (2017): "Organic label's halo effect on sensory and hedonic experience of wine: A pilot study", *Journal of Sensory Studies*, 32, e12243.

BALLESTEROS-VÁSQUEZ, M. N. *et al.* (2012): "Ácidos grasos trans: un análisis del efecto de su consumo en la salud humana, regulación del contenido en alimentos y alternativas para disminuirlos", *Nutrición Hospitalaria*, 27, pp. 54-64.

BARANSKI, M. (2014): "Higher antioxidant and lower cadmium concentrations and lower incidence of pesticide residues in organically grown crops: a systematic literature review and meta-analyses", *British Journal of Nutrition*, 112, pp. 794-811.

BASULTO, J. y MATEO, M. J. (2010): *No más dieta*, Madrid, DeBolsillo.

BETANCUR-ANCONA, D. y SEGURA-CAMPOS, M. (2016): *Salvia Hispanica L.: Properties, Applications and Health*, Nueva York, Nova Science Publishers.

BLESSO, C. N. *et al.* (2013): "Whole egg consumption improves lipoprotein profiles and insulin sensitivity to a greater extent than yolk-free egg substitute in individuals with metabolic syndrome", *Metabolism*, 62, pp. 400-410.

BOCCIA, F. *et al.* (2015): "Genetically modified foods and consumer perspective", *Recent Patents on Food, Nutrition and Agriculture*, 7, pp. 28-34.

BRANDT, K. *et al.* (2011): "Agroecosystem management and nutritional quality of plant foods: The case of organic fruits and vegetables", *Critical Reviews in Plant Sciences*, 30, pp. 177-197.

CÉNIT, Mª del C.; OLIVARES, M. y SANZ, Y. (2015): *La enfermedad celiaca*, col. ¿Qué sabemos de?, Madrid, CSIC-Los Libros de la Catarata.

DUSSAILLANT, C. *et al.* (2017): "Consumo de huevo y enfermedad cardiovascular: una revisión de la literatura científica", *Nutrición Hospitalaria*, 34, pp. 710-718.

EFSA (2013): "Scientific opinion on the re-evaluation of aspartame (E-951) as a food additive", *EFSA Journal*, 11, pp. 3496-3759.

— (2015): "Scientific Opinion on acrylamide in food", *EFSA Journal*, 13, p. 4104.

— (2017): "The 2015 European Union report on pesticide residues in food European Food Safety Authority", *EFSA Journal*, 15, p. 4791.

— (2024a): "The 2022 European Union report on pesticide residues in food", *EFSA Journal*, 22, e8753.

— (2024b): "Scientific opinion on the ANSES analysis of Annex I of the EC proposal COM (2023) 411 (EFSA-Q-2024-00178)", *EFSA Journal*, 22, 7, e8894.

FERNÁNDEZ, M. (2012): "Rethinking dietary cholesterol", *Current Opinion in Clinical Nutrition and Metabolic Care*, 15, pp. 117-121.

FONTECHA, J. *et al.* (2011): "Bioactive milk lipids", *Current Nutrition and Food Science*, 7, pp. 155-159.

GIVENS, D. I. (2017): "Saturated fats, dairy foods and health: A curious paradox?", *Nutrition Bulletin*, 42, pp. 274-282.

HERRERO, M. e IBÁÑEZ, E. (2017): *Las algas que comemos*, col. ¿Qué sabemos de?, Madrid, CSIC-Los Libros de la Catarata.

JASON, H. *et al.* (2015): "Are gluten-free foods healthier than non-gluten-free foods? An evaluation of supermarket products in Australia", *British Journal of Nutrition*, 114, pp. 448-454.

JENSEN, M. *et al.* (2013): "Comparison between conventional and organic agriculture in terms of nutritional quality of food. A critical review", *CAB Reviews: Perspectives in Agriculture, Veterinary Science, Nutrition and Natural Resources*, 8 (045).

JIMÉNEZ, L. (2014): *Lo que dice la ciencia para adelgazar*, Barcelona, Plataforma.

KAMTHAN, A. *et al.* (2012): "Expression of a fungal sterol desaturase improves tomato drought tolerance, pathogen resistance and nutritional quality", *Scientific Reports*, 2 (951).

KUMAR, M. *et al.* (2012): *Cholesterol-Lowering Probiotics as Potential Biotherapeutics for Metabolic Diseases. Experimental Diabetes Research*, National Center for Biotechnology Information.

LEBWOHL, B. *et al.* (2017): "Long term gluten consumption in adults without celiac disease and risk of coronary heart disease: prospective cohort study", *British Medical Journal*, 357.

LEONTOWICZ, M. *et al.* (2013): "Health-Promoting Effects of Ethylene-Treated Kiwifruit 'Hayward' from Conventional and Organic Crops in Rats Fed an Atherogenic Diet", *Journal of Agriculture and Food Chemistry*, 61, pp. 3661-3668.

LIU, A. G. *et al.* (2017): "A healthy approach to dietary fats: Understanding the science and taking action to reduce consumer confusion", *Nutrition*, 16 (53).

MANCINI, A. *et al.* (2015): "Biological and nutritional properties of palm oil and palmitic acid: effects on health", *Molecules,* 20, pp. 17339-17361.

MARTÍ, R. *et al.* (2018): "Polyphenol and l-ascorbic acid content in tomato as influenced by high lycopene genotypes and organic farming at different environments", *Food Chemistry*, 239, pp. 148-156.

MOJICA, F. J. M. *et al.* (2005): "Intervening sequences of regularly spaced prokaryotic repeats derive from foreign genetic elements", *Journal of Molecular Evolution*, 60, pp. 174-182.

MULET, J. L. (2015): *Comer sin miedo*, Barcelona, Booket.

OMS (2003): *Serie de Informes Técnicos 916: dieta, nutrición y prevención de enfermedades crónicas*, Ginebra, OMS.

— (2015): *Guideline: sugars intake for adults and children*, Ginebra, OMS.

ORDOVÁS, J. M. (2013): *La nueva ciencia del bienestar. Nutrigenómica*, Barcelona, Crítica.

ORTÍ, A.; PALENCIA, A. y BERNACER, R. (2013): *Comer o no comer*, Barcelona, Planeta.

PANCHIN, A. Y. *et al.* (2017): "Published GMO studies find no evidence of harm when corrected for multiple comparisons", *Critical Reviews in Biotechnology*, 37, pp. 213-217.

PASCUAL, G. *et al.* (2017): "Targeting metastasis-initiating cells through the fatty acid receptor CD36", *Nature*, 541, pp. 41-45.

PELÁEZ, C. y REQUENA, T. (2017): *La microbiota intestinal*, Madrid, col. ¿Qué sabemos de?, CSIC-Los Libros de la Catarata.

REVENGA, J. (2015): *Adelgázame, miénteme*, Barcelona, Ediciones B.

ROGERS, P. J. *et al.* (2016): "Does low-energy sweetener consumption affect energy intake and body weight?", *International Journal of Obesity*, 40, pp. 381-394.

RUAPENG, D. *et al.* (2017): "Sugar and artificially sweetened beverages linked to obesity: a systematic review and meta-analysis", *Quality Management Journal*, 110, pp. 513-520.

SÁNCHEZ, A. (2016): *Mi dieta cojea*, Barcelona, Paidós.

SAKTHIVEL, K. *et al.* (2025): "Transforming tomatoes into GABA-rich functional foods through genome editing: A modern biotechnological approach", *Functional & Integrative Genomics*, 25, article number 27.

SANZ, Y. (2010): "Effects of a gluten-free diet on gut microbiota and immune function in healthy adult humans", *Gut Microbes*, 1, pp. 135-137.

SERRANO, J. (2011): *Nutrigenómica y nutrigenética*, Barcelona, Librooks.

SIRI-TARINO, P. W. *et al.* (2010): "Saturated Fatty Acids and Risk of Coronary Heart Disease: Modulation by Replacement Nutrients", *Currrent Atherosclerosis Reports*, 12, pp. 384-390.

SMITH-SPANGLER, C. *et al.* (2012): "Are organic foods safer or healthier than conventional alternatives?: a systematic review", *Annual Intern Medice*, 157, pp. 348-366.

SOFFRITI, M. *et al.* (2010): "Aspartame administered in feed, beginning prenatally through life span, induces cancers of the liver and lung in male Swiss mice", *American Journal of Industrial Medicine*, 53, pp. 1197-1206.

TANG, G. *et al.* (2015): "Meta-analysis of the association between whole grain intake and coronary heart disease risk", *American Journal of Cardiology*, 115, pp. 625-629.

THE NATIONAL ACADEMY OF SCIENCES, ENGINEERING AND MEDICINE (2016): *Genetically engineered crops: experiences and prospects*, Washington, National Academies Press.

TIEMAN, D. *et al.* (2017): "A chemical genetic roadmap to improved tomato flavor", *Science*, 355, pp. 391-394.

TOBIN, R. *et al.* (2013): "Sensory evaluation of organic and conventional fruits and vegetables available to Irish consumers", *International Journal of Food Science and Technology*, 48, pp. 157-162.

VALERO, M. (2013): "La ciencia contra la enzima prodigiosa", *El Mundo*, 7 de junio de 2013.

VILCACUNDO, R. *et al.* (2017): "Nutritional and biological value of quinoa (*Chenopodium quinoa* Willd.)", *Current Opinion in Food Science*, 14, pp. 1-6.

Títulos de la colección
¿Qué sabemos de?